Flower Bird market

Creative pencil

Century real estate
世纪地产

1	4	5
		6
2		7
3		8

1. 绘制花鸟市场标志
2. 绘制卡通小鲸鱼
3. 制作游戏界面
4. 绘制创意铅笔
5. 绘制房地产 LOGO
6. 绘制沙滩插画
7. 制作丰收插画
8. 制作舞吧网络广告

U0314899

2.Night Guests

60/110

舞吧！

激情热舞
欢迎加入我们的行列

点击进入▶

1	3
	4
	5
	6
2	7

1. 制作展览招贴
2. 制作美食网页
3. 绘制播放图标
4. 制作桌面图标
5. 制作咖啡馆标签
6. 绘制蔬菜
7. 制作卡通插画

1. 制作返现券
2. 制作礼券
3. 制作指示路牌
4. 制作时尚书籍封面
5. 制作环保海报

1. 制作时尚杂志封面
2. 制作礼品店宣传单
3. 制作汽车广告
4. 茶品包装立体图
5. 制作杂志内页
6. 制作儿童插画书籍封面

Illustrator CC
平面设计
标准教程

微课版

互联网＋数字艺术教育研究院 策划

尚铭洋 聂清彬 主编　刘菁 副主编

人民邮电出版社

北京

图书在版编目（CIP）数据

Illustrator CC平面设计标准教程：微课版 / 尚铭
洋，聂清彬主编. -- 北京 : 人民邮电出版社，2016.3（2020.8重印）
ISBN 978-7-115-41819-7

Ⅰ. ①I… Ⅱ. ①尚… ②聂… Ⅲ. ①平面设计－图形
软件－教材 Ⅳ. ①TP391.41

中国版本图书馆CIP数据核字(2016)第033797号

内 容 提 要

本书全面系统地介绍了 Illustrator CC 的基本操作方法及矢量图形制作技巧，内容包括平面设计基础、初识 Illustrator CC、图形的绘制和编辑、路径的绘制和编辑、图形对象的组织、颜色填充与描边、文本的编辑、图表的编辑、图层和蒙版的使用、使用混合与封套效果、效果的使用、商业案例实训。本书既突出基础知识的学习，又重视实践性应用。

本书将案例融入软件功能的介绍过程中，力求通过课堂案例演练，使学生快速掌握软件的应用技巧；在学习基础知识和基本操作后，通过课后习题实践，拓展学生的实际应用能力。在本书的最后一章，精心安排了专业设计公司的几个精彩案例，力求通过这些实例的制作，使学生提高艺术设计创意能力。

本书适合作为高等院校数字艺术、计算机等相关专业的教材，也可作为相关人员的自学参考书。

◆ 主　　编　尚铭洋　聂清彬

　　副主编　刘　菁

　　责任编辑　邹文波

　　执行编辑　吴　婷

　　责任印制　彭志环

◆ 人民邮电出版社出版发行　　北京市丰台区成寿寺路 11 号
　　邮编　100164　　电子邮件　315@ptpress.com.cn
　　网址　http://www.ptpress.com.cn
　　固安县铭成印刷有限公司印刷

◆ 开本：787×1092　1/16　　　　彩插：2
　　印张：20.25　　　　　　　　 2016 年 3 月第 1 版
　　字数：580 千字　　　　　　　2020 年 8 月河北第 7 次印刷

定价：45.00 元

读者服务热线：(010)81055256　印装质量热线：(010)81055316
反盗版热线：(010)81055315

编写目的

Illustrator CC 功能强大、易学易用，深受图形图像处理爱好者和平面设计人员的喜爱。为了让读者能够快速且牢固地掌握 Illustrator CC 软件，人民邮电出版社充分发挥在线教育方面的技术优势、内容优势、人才优势，潜心研究，为读者提供一种"纸质图书+在线课程"相配套，全方位学习 Illustrator CC 软件的解决方案。读者可根据个人需求，利用图书和"微课云课堂"平台上的在线课程进行碎片化、移动化的学习，以便快速全面地掌握 Illustrator CC 软件以及与之相关联的其他软件。

平台支撑

"微课云课堂"目前包含近 50000 个微课视频，在资源展现上分为"微课云""云课堂"这两种形式。"微课云"是该平台中所有微课的集中展示区，用户可随需选择；"云课堂"是在现有微课云的基础上，为用户组建的推荐课程群，用户可以在"云课堂"中按推荐的课程进行系统化学习，或者将"微课云"中的内容进行自由组合，定制符合自己需求的课程。

◇　　"微课云课堂"主要特点

微课资源海量，持续不断更新："微课云课堂"充分利用了出版社在信息技术领域的优势，以人民邮电出版社 60 多年的发展积累为基础，将资源经过分类、整理、加工以及微课化之后提供给用户。

资源精心分类，方便自主学习："微课云课堂"相当于一个庞大的微课视频资源库，按照门类进行一级和二级分类，以及难度等级分类，不同专业、不同层次的用户均可以在平台中搜索自己需要或者感兴趣的内容资源。

多终端自适应，碎片化移动化：绝大部分微课时长不超过十分钟，可以满足读者碎片化学习的需要；平台支持多终端自适应显示，除了在 PC 端使用外，用户还可以在移动端随心所欲地进行学习。

◇　　"微课云课堂"使用方法

扫描封面上的二维码或者直接登录"微课云课堂"（www.ryweike.com）→用手机号码注册→在用户中心输入本书激活码（20902afd），将本书包含的微课资源添加到个人账户，获取永久在线观看本课程微课视频的权限。

此外，购买本书的读者还将获得一年期价值 168 元的 VIP 会员资格，可免费学习 50000 微课视频。

FOREWORDS

内容特点

本书章节内容按照"课堂案例—软件功能解析—课堂练习—课后习题"这一思路进行编排，且在本书最后一章设置了专业设计公司的 4 个商业实例，以帮助读者综合应用所学知识。

课堂案例：精心挑选课堂案例，通过对课堂案例的详细操作，使读者快速熟悉软件基本操作和设计基本思路。

软件功能解析：在对软件的基本操作有一定了解之后，再通过对软件具体功能的详细解析，帮助读者深入掌握该功能。

课堂练习和课后习题：为帮助读者巩固所学知识，设置了课堂练习这一环节，同时为了拓展读者的实际应用能力，设置了难度略为提升的课后习题。

学时安排

本书的参考学时为 60 学时，讲授环节为 35 学时，实训环节为 25 学时。各章的参考学时参见以下学时分配表。

章　节	课程内容	学时分配	
		讲　授	实　训
第 1 章	平面设计基础	1	
第 2 章	初识 Illustrator CC	1	
第 3 章	图形的绘制和编辑	3	2
第 4 章	路径的绘制和编辑	4	3
第 5 章	图像对象组织	2	1
第 6 章	颜色填充与描边	4	3
第 7 章	文本的编辑	4	3
第 8 章	图表的编辑	2	2
第 9 章 s	图层和蒙版的使用	3	2
第 10 章	使用混合与封套效果	2	2
第 11 章	效果的使用	4	2
第 12 章	商业案例实训等	5	5
课 时 总 计		35	25

资源下载

为方便读者线下学习及教学，本书提供书中所有案例的微课视频、基本素材和效果文件，以及教学大纲、PPT 课件、教学教案等资料，用户可通过扫描封面二维码进入课程界面进行下载。

致　谢

本书由互联网+数字艺术教育研究院策划，由尚铭洋、聂清彬任主编，由刘菁任副主编。另外，相关专业制作公司的设计师为本书提供了很多精彩的商业案例，在此表示感谢。

编　者

2015 年 10 月

目录　CONTENT

CONTENT

CONTENT

CONTENT

CONTENT

1

第 1 章
平面设计基础

本章主要介绍平面设计的基础知识，其中包括平面设计的概念、基本要素、常用尺寸、应用软件、工作流程和应用项目等内容。作为一个平面设计师，只有全面地了解和掌握平面设计的基础知识，才能更好地完成平面设计的创意和设计制作任务。

课堂学习目标

- 了解平面设计的概念及基本要素
- 了解平面设计的常用尺寸和应用软件
- 了解平面设计的工作流程和应用项目

1.1 平面设计的概念

1922 年，美国人威廉·爱迪生·德威金斯最早提出和使用了"平面设计（graphic design）"一词。20 世纪 70 年代，设计艺术得到了充分的发展，"平面设计"成为国际设计界认可的术语。

平面设计是一个包含经济学、信息学、心理学和设计学等领域的创造性视觉艺术学科。它通过二维空间进行表现，通过图形、文字、色彩等元素的编排和设计来进行视觉沟通和信息传达。平面设计的形式表现和媒介使用主要是印刷或平面的。平面设计师可以利用专业知识和技术来完成创作计划。

1.2 平面设计的基本要素

平面设计作品的基本要素主要包括图形、文字及色彩 3 个要素。这 3 个要素的组合组成了一组完整的平面设计作品。每个要素在平面设计作品中都起到了举足轻重的作用，3 个要素之间的相互影响和各种不同变化都会使平面设计作品产生更加丰富的视觉效果。

1.2.1 图形

通常，人们在欣赏一则平面设计作品的时候，首先注意到的是图片，其次是标题，最后才是正文。如果说标题和正文作为符号化的文字受地域和语言背景限制的话，那么图形信息的传递则不受国家、民族、种族语言的限制，它是一种通行于世界的语言，具有广泛的传播性。因此，图形创意策划的选择直接关系到平面设计作品的成败。图形的设计也是整个设计内容最直观的体现，它最大限度地表现了作品的主题和内涵，效果如图 1-1 所示。

图 1-1

1.2.2 文字

文字是最基本的信息传递符号。在平面设计工作中，相对于图形而言，文字的设计安排也占有相当重要的地位，是体现内容传播功能最直接的形式。在平面设计作品中，文字的字体造型和构图编排恰当与否都直接影响到作品的诉求效果和视觉表现力，效果如图 1-2 所示。

图 1-2

1.2.3 色彩

平面设计作品给人的整体感受取决于作品画面的整体色彩。色彩作为平面设计组成的重要因素之一，色彩的色调与搭配受宣传主题、企业形象、推广地域等因素的共同影响。因此，在平面设计中要考虑消费者对颜色的一些固定心理感受及相关的地域文化，效果如图 1-3 所示。

图 1-3

1.3 平面设计的常用尺寸

在设计制作平面设计作品之前，平面设计师一定要了解并掌握印刷常用纸张开数和常见开本尺寸，还要熟悉使用常用的平面设计作品尺寸。下面通过表 1-1~表 1-4 来介绍相关内容。

表 1-1　印刷常用纸张开数

正度纸张：787mm×1092mm		大度纸张：889mm×1194mm	
开数（正）	尺寸/mm	开数（大）	尺寸/mm
全开	781×1086	全开	844×1162
2 开	530×760	2 开	581×844
3 开	362×781	3 开	387×844
4 开	390×543	4 开	422×581
6 开	362×390	6 开	387×422
8 开	271×390	8 开	290×422

续表

正度纸张：787mm×1092mm		大度纸张：889mm×1194mm	
开数（正）	尺寸/mm	开数（正）	尺寸/mm
16 开	195×271	16 开	211×290
32 开	135×195	32 开	211×145
64 开	97×135	64 开	105×145

表 1-2　印刷常见开本尺寸

正度开本：787mm×1092mm		大度开本：889mm×1194mm	
开数（正）	尺寸/mm	开数（大）	尺寸/mm
2 开	520×740	2 开	570×840
4 开	370×520	4 开	420×570
8 开	260×370	8 开	285×420
16 开	185×260	16 开	210×285
32 开	185×130	32 开	220×142
64 开	92×130	64 开	110×142

表 1-3　名片设计的常用尺寸　　　　　　　　　　　　　　　　　单位：mm×mm

类别	方角	圆角
横版	90×55	85×54
竖版	50×90	54×85
方版	90×90	90×95

表 1-4　其他常用的设计尺寸　　　　　　　　　　　　　　　　　单位：mm×mm

类别	标准尺寸	4 开	8 开	16 开
招贴画	540×380			
普通宣传册				210×285
三折页广告				210×285
手提袋	400×285×80			
文件封套	220×305			
信纸、便条	185×260			210×285
挂旗		540×380	376×265	
IC 卡	85×54			

1.4　平面设计的应用软件

　　目前在平面设计工作中，经常使用的主流软件有 Photoshop、Illustrator 和 InDesign。这 3 款软件每一款都有鲜明的功能特色。要想根据创意制作出完美的平面设计作品，就需要熟练使用这 3 款软件，并能很好地利用不同软件的优势，将其巧妙地结合使用。

1.4.1　Adobe Photoshop

Photoshop 是 Adobe 公司出品的最强大的图像处理软件之一，是集编辑修饰、制作处理、创意编排、图像输入与输出于一体的图形图像处理软件，深受平面设计人员、计算机艺术和摄影爱好者的喜爱。Photoshop 通过软件版本升级，使功能不断完善，已经成为迄今为止世界上最畅销的图像处理软件。Photoshop 软件启动界面如图 1-4 所示。

图 1-4

Photoshop 的主要功能包括绘制和编辑选区、绘制和修饰图像、绘制图形及路径、调整图像的色彩和色调、图层的应用、文字的使用、通道和蒙版的使用、滤镜及动作的应用。这些功能可以全面地辅助平面设计作品的创作。

Photoshop 适合完成的平面设计任务有图像抠像、图像调色、图像特效、文字特效、插图设计等。

1.4.2　Adobe Illustrator

Illustrator 是 Adobe 公司推出的专业矢量绘图工具，是出版、多媒体和在线图像的工业标准矢量插画软件。Adobe Illustrator 的应用人群主要包括印刷出版线稿的设计者和专业插画家、多媒体图像的艺术家和网页或在线内容的制作者。Illustrator 软件启动界面如图 1-5 所示。

图 1-5

Illustrator 的主要功能包括图形的绘制和编辑、路径的绘制和编辑、图像对象的组织、颜色填充与描边编辑、文本的编辑、图表的编辑、图层和蒙版的使用、使用混合与封套效果、滤镜效果的使用、样式外观与效果的使用。这些功能可以全面地辅助平面设计作品的创作。

Illustrator 适合完成的平面设计任务包括插图设计、标志设计、字体设计、图表设计、单页设计排版、折页设计排版等。

1.4.3　Adobe InDesign

InDesign 是由 Adobe 公司开发的专业排版设计软件，是专业出版方案的新平台。它功能强大、易学易用，能够使读者通过内置的创意工具和精确的排版控制为打印或数字出版物设计出极具吸引力的页面版式，深受版式编排人员和平面设计师的喜爱，已经成为图文排版领域最流行的软件之一。InDesign 软件启动界面如图 1–6 所示。

InDesign 的主要功能包括绘制和编辑图形对象、路径的绘制与编辑、编辑描边与填充、编辑文本、处理图像、版式编排、处理表格与图层、页面编排、编辑书籍和目录。这些功能可以全面地辅助平面设计作品的创意设计与排版制作。

InDesign 适合完成的平面设计任务包括图表设计、单页排版、折页排版、广告设计、报纸设计、杂志设计、书籍设计等。

图 1–6

1.5　平面设计的工作流程

平面设计的工作流程是一个有明确目标、有正确理念、有负责态度、有周密计划、有清晰步骤、有具体方法的工作过程。好的设计作品都是在完美的工作流程中产生的。

1.5.1　信息交流

客户提出设计项目的构想和工作要求，并提供项目相关文本和图片资料，包括公司介绍、项目描述、基本要求等。

1.5.2　调研分析

根据客户提出的设计构想和要求，运用客户的相关文本和图片资料，对客户的设计需求进行分析，并对客户同行业或同类型的设计产品进行市场调研。

1.5.3　草稿讨论

根据已经做好的分析和调研，设计师组织设计团队，依据创意构想设计出项目的创意草稿，并制作出样稿。拜访客户，双方就设计的草稿内容进行沟通讨论；就双方的设想，根据需要补充相关资料，达成设计构想上的共识。

1.5.4　签订合同

在双方就设计草稿达成共识后，双方确认设计的具体细节、设计报价和完成时间，双方签订《设计协议书》，客户支付项目预付款，设计工作正式展开。

1.5.5　提案讨论

设计师团队根据前期的市场调研和客户需求，结合双方草稿讨论的意见，开始设计方案的策划、设计和制作工作。设计师一般要完成 3 个设计方案，提交给客户选择。拜访客户，与客户开会讨论提案，客户根据提案作品，提出修改建议。

1.5.6　修改完善

根据提案会议的讨论内容和修改意见，设计师团队对客户基本满意的方案进行修改调整，进一步完善整体设计，并提交客户进行确认；等客户再次反馈意见后，设计师再次对客户提出的细节修改进行更细致的调整，使方案顺利完成。

1.5.7　验收完成

在设计项目完成后，和客户一起对完成的设计项目进行验收，并由客户在设计合格确认书上签字。客户按协议书规定支付项目设计余款，设计方将项目制作文件提交客户，整个设计项目执行完成。

1.5.8　后期制作

在设计项目完成后，客户可能需要设计方进行设计项目的印刷包装等后期制作工作。如果设计方承接了后期制作工作，需要和客户签订详细的后期制作合同，并执行好后期的制作工作，给客户提供出满意的印刷和包装成品。

1.6　平面设计的应用项目

平面设计的应用项目，可以归纳为 7 大类：广告设计、书籍设计、刊物设计、包装设计、网页设计、标志设计、VI 设计。

1.6.1　广告设计

现代社会中，信息传递的速度日益加快，传播方式多种多样。广告凭借着各种信息传递媒介充满了人们日常生活的方方面面，已成为社会生活中不可缺少的一部分。与此同时，广告艺术也凭借着异彩纷呈的表现形式、丰富多彩的内容信息及快捷便利的传播条件，强有力地冲击着我们的视听神经。

广告的英语译文为 Advertisement，最早从拉丁文 Adverture 演化而来，其含义是"吸引人注意"。通俗意义上讲，广告即广而告之。不仅如此，广告还同时包含两方面的含义：从广义上讲，是指向公众通知某一件事并最终达到广而告之的目的；从狭义上讲，广告主要指营利性的广告，即广告主为了某种特定的需要，通过一定形式的媒介，耗费一定的费用，公开而广泛地向公众传递某种信息并最终从中获利的宣传手段。

广告设计是通过图像、文字、色彩、版面、图形等视觉元素，结合广告媒体的使用特征构成的艺术表现形式，是为了实现传达广告目的和意图的艺术创意设计。

平面广告的类别主要包括有 DM 直邮广告、POP 广告、杂志广告、报纸广告、招贴广告、网络广告和户外广告等。广告设计的效果如图 1-7 所示。

图 1-7

1.6.2　书籍设计

书籍，是人类思想交流、知识传播、经验宣传、文化积累的重要依托，承载着古今中外的智慧结晶，而书籍设计的艺术领域更是丰富多彩。

书籍设计（book design），又称书籍装帧设计，是指书籍的整体策划及造型设计。策划和设计过程包含了印前、印中、印后对书的形态与传达效果的分析。它包括的内容很多，指开本、封面、扉页、字体、版面、插图、护封，以及纸张、印刷、装订和材料的艺术设计。书籍设计属平面设计范畴。

关于书籍的分类，有许多种方法，但由于标准不同，分类也就不同。一般而言，我们按书籍的内容涉及的范围来分类，可分为文学艺术类、少儿动漫类、生活休闲类、人文科学类、科学技术类、经营管理类、医疗教育类等。书籍设计的效果如图 1-8 所示。

图 1-8

1.6.3　刊物设计

作为定期出版物，刊物是经过装订、带有封面的期刊，同时刊物也是大众类印刷媒体之一。这种媒体形式最早出现在德国，但在当时，期刊与报纸并无太大区别，随着科技发展和生活水平的不断提高，期刊开始与报纸越来越不一样，其内容也愈加偏重专题、质量、深度，而非时效性。

期刊的读者群体有其特定性和固定性，所以期刊媒体对特定的人群更具有针对性，例如，进行专业性较强的行业信息交流，正是由于这种特点，期刊内容的传播效率相对比较精准。同时，由于期刊大多为月刊和半月刊，注重内容质量的打造，所以比报纸的保存时间要长很多。

期刊在设计时所依据的规格主要是参照期刊的样本和开本进行版面划分，其设计的艺术风格、设计元素和设计色彩都要和刊物本身的定位相呼应。由于期刊一般会选用质量较好的纸张进行印刷，所以图片印刷质量高、细腻光滑，画面图像的印刷工艺精美、还原效果好、视觉形象清晰。

期刊类媒体分为消费者期刊、专业性期刊、行业性期刊等不同类别。具体包括财经期刊、IT 期刊、动漫期刊、家居期刊、健康期刊、教育期刊、旅游期刊、美食期刊、汽车期刊、人物期刊、时尚期刊、数码期刊等。刊物设计的效果如图 1-9 所示。

图 1-9

1.6.4 包装设计

包装设计是艺术设计与科学技术相结合的设计，是技术、艺术、设计、材料、经济、管理、心理、市场等多功能综合要素的体现，是多学科融会贯通的一门综合学科。

包装设计的广义概念，是指包装的整体策划工程，其主要内容包括包装方法的设计、包装材料的设计、视觉传达设计、包装机械的设计与应用、包装试验、包装成本的设计及包装的管理等。

包装设计的狭义概念，是指选用适合商品的包装材料，运用巧妙的制造工艺手段，为商品进行的容器结构功能化设计和形象化视觉造型设计，使之具备整合容纳、保护产品、方便储运、优化形象、传达属性和促进销售之功能。

包装设计按商品内容分类，可以分为日用品包装、食品包装、烟酒包装、化妆品包装、医药包装、文体包装、工艺品包装、化学品包装、五金家电包装、纺织品包装、儿童玩具包装、土特产包装等。包装设计的效果如图 1-10 所示。

图 1-10

1.6.5 网页设计

网页设计是指根据网站所要表达的主旨，将网站信息进行整合归纳后，进行的版面编排和美化设计。通过网页设计，让网页信息更有条理，页面更具有美感，从而提高网页的信息传达和阅读效率。网页设计者要掌握平面设计的基础理论和设计技巧，熟悉网页配色、网站风格、网页制作技术等网页设计知识，创造出符合项目设计需求的艺术化和人性化的网页。

根据网页的不同属性，可将网页分为商业性网页、综合性网页、娱乐性网页、文化性网页、行业性网页、区域性网页等类型。网页设计的效果如图 1-11 所示。

图 1-11

1.6.6 标志设计

标志是具有象征意义的视觉符号。它借助图形和文字的巧妙设计组合，艺术地传递出某种信息，表达某种特殊的含义。标志设计是指将具体的事物和抽象的精神通过特定的图形和符号固定下来，使人们在看到标志设计的同时，自然地产生联想，从而对企业产生认同。对于一个企业而言，标志渗透到了企业运营的各个环节，例如，日常经营活动、广告宣传、对外交流、文化建设等。作为企业的无形资产，它的价值随同企业的增值不断累积。

标志按功能分类，可以分为政府标志、机构标志、城市标志、商业标志、纪念标志、文化标志、环境标志、交通标志等。标志设计的效果如图 1-12 所示。

图 1-12

1.6.7　VI 设计

VI（Visual Identity）即企业视觉识别，是指以建立企业的理念识别为基础，将企业理念、企业使命、企业价值观经营概念变为静态的具体识别符号，并进行具体化、视觉化的传播。企业视觉识别具体指通过各种媒体将企业形象广告、标志、产品包装等有计划地传递给社会公众，树立企业整体统一的识别形象。

VI 是 CI 中项目最多、层面最广、效果最直接的向社会传递信息的部分，最具有传播力和感染力，也最容易被公众所接受，短期内获得的影响也最明显。社会公众可以一目了然地掌握企业的信息，产生认同感，进而达到企业识别的目的。VI 能使企业及产品在市场中获得较强的竞争力。

VI 主要由两大部分组成，即基础识别部分和应用识别部分。其中，基础识别部分主要包括企业标志设计、标准字体与印刷专用字体设计、色彩系统设计、辅助图形、品牌角色（吉祥物）等。应用识别部分包括办公系统、标识系统、广告系统、旗帜系统、服饰系统、交通系列、展示系统等。VI 设计效果如图 1-13 所示。

图 1-13

2

第 2 章
初识 Illustrator CC

本章介绍 Illustrator CC 的工作界面，以及矢量图和位图的概念。此外，还介绍文件的基本操作和图像的显示效果。通过本章的学习，读者可以掌握 Illustrator CC 的基本功能，为进一步学习好 Illustrator CC 打下坚实的基础。

课堂学习目标

- 了解软件的工作界面和图像的类型
- 掌握文件和图像显示效果的操作方法
- 掌握标尺、参考线和网格的设置方法

2.1 Illustrator CC 工作界面的介绍

Illustrator CC 的工作界面主要由菜单栏、标题栏、工具箱、工具属性栏、控制面板、页面区域、滚动条及状态栏等部分组成，如图 2-1 所示。

图 2-1

菜单栏：包括 Illustrator CC 中所有的操作命令，主要有 9 个主菜单，每一个菜单又包括各自的子菜单，通过选择这些命令可以完成基本操作。

标题栏：标题栏左侧是当前运行程序的名称，右侧是控制窗口的按钮。

工具属性栏：当选择工具箱中的一个工具后，会在 Illustrator CC 的工作界面中出现该工具的属性栏。

工具箱：包括 Illustrator CC 中所有的工具，大部分工具还有其展开式工具栏。其中包括与该工具功能相类似的工具，可以更方便、快捷地进行绘图与编辑。

控制面板：使用控制面板可以快速调出许多设置数值和调节功能的面板，它是 Illustrator CC 中最重要的组件之一。控制面板是可以折叠的，可根据需要分离或组合，非常灵活。

页面区域：指在工作界面的中间以黑色实线表示的矩形区域，这个区域的大小就是用户设置的页面大小。

滚动条：当屏幕内不能完全显示出整个文档的时候，通过对滚动条的拖曳可以实现对整个文档的全部浏览。

状态栏：显示当前文档视图的显示比例，当前正使用的工具、时间和日期等信息。

2.1.1 菜单栏及其快捷方式

熟练地使用菜单栏能够快速有效地绘制和编辑图像，达到事半功倍的效果，下面详细讲解菜单栏。

Illustrator CC 中的菜单栏包含"文件""编辑""对象""文字""选择""效果""视图""窗口"和"帮助"共 9 个菜单，如图 2-2 所示。每个菜单里又包含相应的子菜单。

文件(F)　编辑(E)　对象(O)　文字(T)　选择(S)　效果(C)　视图(V)　窗口(W)　帮助(H)

图2-2

每个下拉菜单的左边是命令的名称，在经常使用的命令右边是该命令的组合键。要执行该命令，可以直接按键盘上的组合键，这样可以提高操作速度。例如，"选择 > 全部"命令的组合键为 Ctrl+A。

有些命令的右边有一个黑色的三角形▶，表示该命令还有相应的子菜单，用鼠标单击三角形▶，即可弹出其子菜单。有些命令的后面有省略号···，表示用鼠标单击该命令可以弹出相应对话框，在对话框中可进行更详尽的设置。有些命令呈灰色，表示该命令在当前状态下为不可用，需要选中相应的对象或在合适的设置时，该命令才会变为黑色，呈可用状态。

2.1.2　工具箱

Illustrator CC 的工具箱内包括了大量具有强大功能的工具，这些工具可以使用户在绘制和编辑图像的过程中制作出更加精彩的效果。工具箱如图 2-3 所示。

图2-3

工具箱中部分工具按钮的右下角带有一个黑色三角形，表示该工具还有展开工具组，用鼠标按住该工具不放，即可弹出展开工具组。例如，用鼠标按住"文字"工具 T，将展开文字工具组，如图 2-4 所示。用鼠标单击文字工具组右边的黑色三角形，如图 2-5 所示；文字工具组就从工具箱中分离出来，成为一个相对独立的工具栏，如图 2-6 所示。

图2-4　　　　　　　　　图2-5　　　　　　　　　图2-6

下面分别介绍各个展开式工具组。

直接选择工具组：包括 2 个工具，直接选择工具和编组选择工具，如图 2-7 所示。

钢笔工具组：包括 4 个工具，钢笔工具、添加锚点工具、删除锚点工具和转换锚点工具，如图 2-8 所示。

文字工具组：包括 7 个工具，文字工具、区域文字工具、路径文字工具、直排文字工具、直排区域文字工具、直排路径文字工具和修饰文字工具，如图 2-9 所示。

图 2-7　　　　　　　图 2-8　　　　　　　图 2-9

直线段工具组：包括 5 个工具，直线段工具、弧形工具、螺旋线工具、矩形网格工具和极坐标网格工具，如图 2-10 所示。

矩形工具组：包括 6 个工具，矩形工具、圆角矩形工具、椭圆工具、多边形工具、星形工具和光晕工具，如图 2-11 所示。

图 2-10　　　　　　　图 2-11

铅笔工具组：包括 3 个工具，铅笔工具、平滑工具和路径橡皮擦工具，如图 2-12 所示。

橡皮擦工具组：包括 3 个工具，橡皮擦工具、剪刀工具和刻刀工具，如图 2-13 所示。

图 2-12　　　　　　　图 2-13

旋转工具组：包括 2 个工具，旋转工具和镜像工具，如图 2-14 所示。

比例缩放工具组：包括 3 个工具，比例缩放工具、倾斜工具和整形工具，如图 2-15 所示。

图 2-14　　　　　　　图 2-15

宽度工具组：包括 8 个工具，宽度工具、变形工具、旋转扭曲工具、缩拢工具、膨胀工具、扇贝工具、晶格化工具和皱褶工具，如图 2-16 所示。

形状生成器工具组：包括 3 个工具，形状生成器工具、实时上色工具和实时上色选择工具，如图 2-17 所示。

图 2-16   图 2-17

透视网格工具组：包括 2 个工具，透视网格工具和透视选区工具，如图 2-18 所示。

吸管工具组：包括 2 个工具，吸管工具和度量工具，如图 2-19 所示。

图 2-18   图 2-19

符号喷枪工具组：包括 8 个工具，符号喷枪工具、符号移位器工具、符号紧缩器工具、符号缩放器工具、符号旋转器工具、符号着色器工具、符号滤色器工具和符号样式器工具，如图 2-20 所示。

柱形图工具组：包括 9 个工具，柱形图工具、堆积柱形图工具、条形图工具、堆积条形图工具、折线图工具、面积图工具、散点图工具、饼图工具和雷达图工具，如图 2-21 所示。

切片工具组：包括 2 个工具，切片工具和切片选择工具，如图 2-22 所示。

抓手工具组：包括 2 个工具，抓手工具和打印拼贴工具，如图 2-23 所示。

图 2-20   图 2-21   图 2-22   图 2-23

2.1.3 工具属性栏

Illustrator CC 的工具属性栏可以快捷应用与所选对象相关的选项，它根据所选工具和对象的不同来显示不同的选项，包括画笔、描边和样式等多个控制面板的功能。选择路径对象的锚点后，工具属性栏如图 2-24 所示。选择"文字"工具 T 后，工具属性栏如图 2-25 所示。

图 2-24

图 2-25

2.1.4　控制面板

Illustrator CC 的控制面板位于工作界面的右侧，它包括了许多实用、快捷的工具和命令。随着 Illustrator CC 功能的不断增强，控制面板也相应地不断改进使之更加合理，为用户绘制和编辑图像带来了更便捷的体验。控制面板以组的形式出现，图 2-26 所示是其中的一组控制面板。

用鼠标选中并按住"色板"控制面板的标题不放，如图 2-27 所示；向页面中拖曳，如图 2-28 所示。拖曳到控制面板组外时，释放鼠标左键，将形成独立的控制面板，如图 2-29 所示。

图 2-26

图 2-27

图 2-28

图 2-29

用鼠标单击控制面板右上角的折叠为图标按钮 ◀◀ 和展开按钮 ▶▶ 来折叠或展开控制面板，效果如图 2-30 所示。用鼠标单击控制面板右下角的图标 ▨，并按住鼠标左键不放，拖曳鼠标可放大或缩小控制面板。

图 2-30

绘制图形图像时，经常需要选择不同的选项和数值，可以通过控制面板直接操作。通过选择"窗口"菜单中的各个命令可以显示或隐藏控制面板。这样可省去反复选择命令或关闭窗口的麻烦。控制面板为设置数值和修改命令提供了一个方便快捷的平台，使软件的交互性更强。

2.1.5　状态栏

状态栏在工作界面的最下面，包括 5 个部分。左侧的 ⬈ 按钮为在 Behance 上共享的按钮；第 2 部分的百分比表示当前文档的显示比例；第 3 部分是画板导航，可在画板间切换；第 4 部分显示当前使用的工具，当前的日期、时间，文件操作的还原次数及文档配置文件等；右侧是滚动条，当绘制的图像过大不能完全显示时，可以通过拖曳滚动条浏览整个图像，如图 2-31 所示。

图 2-31

2.2 矢量图和位图

在计算机应用系统中，大致会应用两种图像，即位图图像与矢量图图像。在 Illustrator CC 中，不但可以制作出各式各样的矢量图图像，还可以导入位图图像进行编辑。

位图图像也叫点阵图像，如图 2-32 所示，它是由许多单独的点组成的，这些点又称为像素点，每个像素点都有特定的位置和颜色值，位图图像的显示效果与像素点是紧密联系在一起的，不同排列和着色的像素点在一起组成了一幅色彩丰富的图像。像素点越多，图像的分辨率越高，相应地，图像的文件量也会随之增大。

Illustrator CC 可以对位图进行编辑，除了可以使用变形工具对位图进行变形处理外，还可以通过复制工具，在画面上复制出相同的位图，制作更完美的作品。位图图像的优点是制作的图像色彩丰富；不足之处是文件量太大，而且在放大图像时会失真，图像边缘会出现锯齿，模糊不清。

矢量图图像也叫向量图图像，如图 2-33 所示，它是一种基于数学方法的绘图方式。矢量图图像中的各种图形元素称之为对象，每一个对象都是独立的个体，都具有大小、颜色、形状和轮廓等特性。在移动和改变它们的属性时，可以保持对象原有的清晰度和弯曲度。矢量图图形是由一条条的直线或曲线构成的，在填充颜色时，会按照指定的颜色沿曲线的轮廓边缘进行着色。

图 2-32

图 2-33

矢量图图像的优点是文件量较小，矢量图图像的显示效果与分辨率无关，因此缩放图形时，对象会保持原有的清晰度及弯曲度，颜色和外观形状也都不会发生任何偏差和变形，不会产生失真的现象。不足之处是矢量图图像不易制作色调丰富的图像，绘制出来的图形无法像位图图像那样精确地描绘各种绚丽的景象。

2.3 文件的基本操作

在开始设计和制作平面设计作品前，需要掌握一些基本的文件操作方法。下面将介绍新建、打开、保存和关闭文件的基本方法。

2.3.1　新建文件

选择"文件 > 新建"命令（组合键为 Ctrl+N），弹出"新建文档"对话框，如图 2-34 所示。设置相应的选项后，单击"确定"按钮，即可建立一个新的文档。

图 2-34

"名称"选项：可以在选项中输入新建文件的名称，默认状态下为"未标题 – 1"。

"配置文件"选项：可以选择不同的配置文件。

"画板数量"选项：可以设置页面中画板的数量。当数量为多页时，右侧的按钮和下方的"间距""列数"选项显示为可编辑状态。

![按钮]按钮：画板的排列方法及排列方向。

"间距"选项：可以设置画板之间的间距。

"列数"选项：用于设置画板的列数。

"大小"选项：可以在下拉列表中选择系统预先设置的文件尺寸，也可以在下方的"宽度"和"高度"选项中自定义文件尺寸。

"宽度"和"高度"选项：用于设置文件的宽度和高度的数值。

"单位"选项：设置文件所采用的单位，默认状态下为"毫米"。

"取向"选项：用于设置新建页面竖向或横向排列。

"出血"选项：用于设置页面的出血值。默认状态下，右侧为锁定状态![锁定]，可同时设置出血值；单击右侧的按钮，使其处于解锁状态![解锁]，可单独设置出血值。

"颜色模式"选项：用于设置新建文件的颜色模式。

"栅格效果"选项：用于设置文件的栅格效果。

"预览模式"选项：用于设置文件的预览模式。

![模板(T)...]按钮：单击弹出"从模板新建"对话框，选择需要的模板来新建文件。

2.3.2　打开文件

选择"文件 > 打开"命令（组合键为 Ctrl+O），弹出"打开"对话框，如图 2-35 所示。在"查找范围"选项框中选择要打开的文件，单击"打开"按钮，即可打开选择的文件。

2.3.3 保存文件

当用户第一次保存文件时，选择"文件 > 存储"命令（组合键为 Ctrl+S），弹出"存储为"对话框，如图 2-36 所示，在对话框中输入要保存文件的名称，设置保存文件的路径、类型。设置完成后，单击"保存"按钮，即可保存文件。

当用户对图形文件进行了各种编辑操作并保存后，再选择"存储"命令时，将不弹出"存储为"对话框，计算机直接保留最终确认的结果，并覆盖原文件。因此，在未确定要放弃原始文件之前，应慎用此命令。

若既要保留修改过的文件，又不想放弃原文件，则可以用"存储为"命令。选择"文件 >存储为"命令（组合键为 Shift+Ctrl+S），弹出"存储为"对话框，在这个对话框中，可以为修改过的文件重新命名，并设置文件的路径和类型。设置完成后，单击"保存"按钮，原文件依旧保留不变，修改过的文件被另存为一个新的文件。

图 2-35

图 2-36

2.3.4 关闭文件

选择"文件 > 关闭"命令（组合键为 Ctrl+W），如图 2-37 所示，可将当前文件关闭。"关闭"命令只有当有文件被打开时才呈现为可用状态。

也可单击绘图窗口右上角的按钮 ⊠ 来关闭文件，若当前文件被修改过或是新建的文件，那么在关闭文件的时候系统就会弹出一个提示框，如图 2-38 所示。单击"是"按钮即可先保存文件再关闭文件，单击"否"按钮即不保存文件的更改而直接关闭文件，单击"取消"按钮即取消关闭文件操作。

图 2-37

图 2-38

2.4 图像的显示效果

在使用 Illustrator CC 绘制和编辑图形图像的过程中，用户可以根据需要随时调整图形图像的显示模式和显示比例，以便对所绘制和编辑的图形图像进行观察和操作。

2.4.1 选择视图模式

Illustrator CC 包括 4 种视图模式，即"预览""轮廓""叠印预览"和"像素预览"，绘制图像的时候，可根据不同的需要选择不同的视图模式。

"预览"模式是系统默认的模式，图像显示效果如图 2-39 所示。

"轮廓"模式隐藏了图像的颜色信息，用线框轮廓来表现图像。这样在绘制图像时有很高的灵活性，可以根据需要，单独查看轮廓线，极大地节省了图像运算的速度，提高了工作效率。"轮廓"模式的图像显示效果如图 2-40 所示。如果当前图像为其他模式，选择"视图 > 轮廓"命令（组合键为 Ctrl+Y），将切换到"轮廓"模式，再选择"视图 >预览"命令（组合键为 Ctrl+Y），将切换到"预览"模式。

"叠印预览"可以显示接近油墨混合的效果，如图 2-41 所示。如果当前图像为其他模式，选择"视图 > 叠印预览"命令（组合键为 Alt+Shift+Ctrl+Y），将切换到"叠印预览"模式。

"像素预览"可以将绘制的矢量图像转换为位图显示。这样可以有效控制图像的精确度和尺寸等。转换后的图像在放大时会看见排列在一起的像素点，如图 2-42 所示。如果当前图像为其他模式，选择"视图 > 像素预览"命令（组合键为 Alt+Ctrl+Y），将切换到"像素预览"模式。

| 图 2-39 | 图 2-40 | 图 2-41 | 图 2-42 |

2.4.2 适合窗口大小显示图像和显示图像的实际大小

1. 适合窗口大小显示图像

绘制图像时，可以选择"适合窗口大小"命令来显示图像，这时图像就会最大限度地显示在工作界面中，并保持其完整性。

选择"视图 > 画板适合窗口大小"命令（组合键为 Ctrl+0），图像显示的效果如图 2-43 所示。也可以用鼠标双击抓手工具，将图像调整为适合窗口大小显示。

2. 显示图像的实际大小

选择"实际大小"命令可以将图像按 100% 的效果显示，在此状态下可以对文件进行精确的编辑。

选择"视图 > 实际大小"命令（组合键为 Ctrl+1），图像显示的效果如图 2-44 所示。

图 2-43   图 2-44

2.4.3 放大显示图像

选择"视图 > 放大"命令（组合键为 Ctrl++），每选择一次"放大"命令，页面内的图像就会被放大一级。例如，图像以 100% 的比例显示在屏幕上，选择"放大"命令一次，则变成 150%，再选择一次，则变成 200%，放大的效果如图 2-45 所示。

使用缩放工具也可放大显示图像。选择"缩放"工具，在页面中光标会自动变为放大镜，每单击一次鼠标左键，图像就会放大一级。例如，图像以 100% 的比例显示在屏幕上，单击鼠标一次，则变成 150%，放大的效果如图 2-46 所示。

图 2-45   图 2-46

若对图像的局部区域放大，先选择"缩放"工具，然后把"缩放"工具定位在要放大的区域外，按住鼠标左键并拖曳鼠标，使鼠标画出的矩形框圈选所需的区域，如图 2-47 所示；然后释放鼠标左键，这个区域就会放大显示并填满图像窗口，如图 2-48 所示。

图 2-47   图 2-48

提示

如果当前正在使用其他工具，若要切换到放大工具，按住 Ctrl+Space（空格）组合键即可。

　　使用状态栏也可放大显示图像。在状态栏中的百分比数值框 100% 中直接输入需要放大的百分比数值，按 Enter 键即可执行放大操作。

　　还可使用"导航器"控制面板放大显示图像。单击面板右下角的"放大"按钮，可逐级地放大图像。拖拉三角形滑块可以将图像自由放大。在左下角百分比数值框中直接输入数值后，按 Enter 键也可以将图像放大，如图 2-49 所示。

图 2-49

2.4.4　缩小显示图像

　　选择"视图 > 缩小"命令，每选择一次"缩小"命令，页面内的图像就会被缩小一级（也可连续按 Ctrl+-组合键），效果如图 2-50 所示。

图 2-50

　　使用缩小工具缩小显示图像。选择"缩放"工具，在页面中鼠标指针会自动变为放大镜图标，按住 Alt 键，则屏幕上的图标变为缩小工具图标。按住 Alt 键不放，用鼠标单击图像一次，图像就会缩小显示一级。

　　使用状态栏命令也可缩小显示图像。在状态栏中的百分比数值框 100% 中直接输入需要缩小的百分比数值，按 Enter 键即可执行缩小操作。

　　还可使用"导航器"控制面板缩小显示图像。单击面板左下角较小的三角图标，可逐级地缩小图像，拖拉三角形滑块可以任意将图像缩小。在左下角百分比数值框中直接输入数值后，按 Enter 键也可以将图像缩小。

提 示

如果当前正在使用其他工具，若要切换到缩小工具，按住Alt+Ctrl+Space（空格）组合键即可。

2.4.5 全屏显示图像

全屏显示图像可以更好地观察图像的完整效果。全屏显示图像有以下几种方法。

单击工具箱下方的屏幕模式转换按钮，可以在 3 种模式之间相互转换，即正常屏幕模式、带有菜单栏的全屏模式和全屏模式。反复按 F 键，也可切换屏幕显示模式。

正常屏幕模式：如图 2-51 所示，这种屏幕显示模式包括标题栏、菜单栏、工具箱、工具属性栏、控制面板、状态栏和打开文件的标题栏。

带有菜单栏的全屏模式：如图 2-52 所示，这种屏幕显示模式包括菜单栏、工具箱、工具属性栏和控制面板。

图 2-51

图 2-52

全屏模式：如图 2-53 所示，这种屏幕显示模式只包括工具箱、工具属性栏和控制面板。按 Tab 键，可以关闭其他的控制面板，效果如图 2-54 所示。

图 2-53

图 2-54

2.4.6 图像窗口显示

当用户打开多个文件时，屏幕会出现多个图像文件窗口，这就需要对窗口进行布置和摆放。下面将介绍具体的方法。

　　打开多个图像文件后，将光标放在图像窗口的标题栏上，拖曳图像窗口到屏幕的任意位置，如图 2-55 所示。选择"窗口 > 排列 > 层叠"或"窗口 > 排列 > 平铺"命令，图像的效果如图 2-56 和图 2-57 所示。

图 2-55　　　　　　　　　　　　　　　　　　　　　　图 2-56

图 2-57

2.4.7　观察放大图像

　　选择"缩放"工具，当页面中光标变为放大镜后，放大图像，图像周围会出现滚动条。选择"抓手"工具，当图像中光标变为手形，按住鼠标左键在放大的图像中拖曳鼠标，可以观察图像的每个部分，如图 2-58 所示。还可直接用鼠标拖曳图像周围的垂直和水平滚动条，观察图像的每个部分，效果如图 2-59 所示。

 提 示

如果正在使用其他的工具进行操作，按住 Space（空格）键，可以转换为手形工具。

图 2-58   图 2-59

2.5 标尺、参考线和网格的使用

Illustrator CC 提供了标尺、参考线和网格等工具，利用这些工具可以帮助用户对所绘制和编辑的图形图像精确定位，还可测量图形图像的准确尺寸。

2.5.1 标尺

选择"视图 > 标尺 > 显示标尺"命令（组合键为 Ctrl+R），显示出标尺，效果如图 2-60 所示。如果要将标尺隐藏，可以选择"视图 > 标尺 > 隐藏标尺"命令（组合键为 Ctrl+R），将标尺隐藏。

如果需要设置标尺的显示单位，选择"编辑 > 首选项 > 单位"命令，弹出"首选项"对话框，如图 2-61 所示，可以在"常规"选项的下拉列表中设置标尺的显示单位。

图 2-60   图 2-61

如果仅需要对当前文件设置标尺的显示单位，选择"文件 > 文档设置"命令，弹出"文档设置"对话框，如图 2-62 所示，可以在"单位"选项的下拉列表中设置标尺的显示单位。这种方法设置的标尺单位对以后新建立的文件标尺单位不起作用。

在系统默认的状态下，标尺的坐标原点在工作页面的左下角，如果想要更改坐标原点的位置，单击水平标尺与垂直标尺的交点并拖曳到页面中，释放鼠标，即可将坐标原点设置在此处。如果想要恢复标尺原点的默认位置，双击水平标尺与垂直标尺的交点即可。

图 2-62

2.5.2　参考线

如果想要添加参考线，可以用鼠标在水平或垂直标尺上向页面中拖曳参考线；可以在标尺的特定位置双击创建参考线；还可根据需要将图形或路径转换为参考线。选中要转换的路径，如图 2-63 所示。选择"视图 > 参考线 > 建立参考线"命令，将选中的路径转换为参考线，如图 2-64 所示。选择"视图 > 参考线 > 释放参考线"命令，可以将选中的参考线转换为路径。

图 2-63　　　　　　　　　　　　图 2-64

按住 Shift 键在标尺上双击，创建的参考线会自动与标尺上最接近的刻度对齐。

选择"视图 > 参考线 > 锁定参考线"命令，可以将参考线进行锁定。选择"视图 > 参考线 > 隐藏参考线"命令，可以将参考线隐藏。选择"视图 > 参考线 > 清除参考线"命令，可以清除参考线。

选择"视图 > 智能参考线"命令，可以显示智能参考线。当图形移动或旋转到一定角度时，智能参考线就会高亮显示并给出提示信息。

2.5.3 网格

选择"视图 > 显示网格"命令，显示出网格，如图 2-65 所示。选择"视图 > 隐藏网格"命令，将网格隐藏。如果需要设置网格的颜色、样式和间隔等属性，选择"编辑 > 首选项 > 参考线和网格"命令，弹出"首选项"对话框，如图 2-66 所示。

图 2-65

图 2-66

"颜色"选项：设置网格的颜色。

"样式"选项：设置网格的样式，包括线和点。

"网格线间隔"选项：设置网格线的间距。

"次分隔线"选项：用于细分网格线的多少。

"网格置后"选项：设置网格线显示在图形的上方或下方。

"显示像素网格"选项：当图像放大到 600% 以上时，显示像素网格。

3

第 3 章
图形的绘制和编辑

本章讲解 Illustrator CC 中基本图形工具的使用方法，及 Illustrator CC 的手绘图形工具及其修饰方法，并详细讲解对象的编辑方法。认真学习本章的内容，可以掌握 Illustrator CC 的绘图功能和其特点，以及编辑对象的方法，为进一步学习 Illustrator CC 打好基础。

课堂学习目标

- 掌握绘制线段、网格和基本图形的方法
- 熟练掌握手绘工具的使用方法
- 熟练掌握对象的编辑技巧

3.1 绘制线段和网格

在平面设计中，直线和弧线是经常使用的线型。使用"直线段"工具 和"弧形"工具 可以创建任意的直线和弧线，对其进行编辑和变形，可以得到更多复杂的图形对象。在设计制作时，还会应用到各种网格，如矩形网格和极坐标网格。下面将详细讲解这些工具的使用方法。

3.1.1 绘制直线

1. 拖曳鼠标绘制直线

选择"直线段"工具，在页面中需要的位置单击并按住鼠标左键不放，拖曳光标到需要的位置，释放鼠标左键，绘制出一条任意角度的斜线，效果如图3-1所示。

选择"直线段"工具，按住 Shift 键，在页面中需要的位置单击并按住鼠标左键不放，拖曳光标到需要的位置，释放鼠标左键，绘制出水平、垂直或45°角及其倍数的直线，效果如图3-2所示。

选择"直线段"工具，按住 Alt 键，在页面中需要的位置单击鼠标并按住鼠标左键不放，拖曳鼠标到需要的位置，释放鼠标左键，绘制出以鼠标单击点为中心的直线（由单击点向两边扩展）。

选择"直线段"工具，按住 ~ 键，在页面中需要的位置单击并按住鼠标左键不放，拖曳光标到需要的位置，释放鼠标左键，绘制出多条直线（系统自动设置），效果如图3-3所示。

图3-1   图3-2   图3-3

2. 精确绘制直线

选择"直线段"工具，在页面中需要的位置单击鼠标，或双击"直线段"工具，都将弹出"直线段工具选项"对话框，如图3-4所示。在对话框中，"长度"选项可以设置线段的长度，"角度"选项可以设置线段的倾斜度，勾选"线段填色"复选项可以填充直线组成的图形。设置完成后，单击"确定"按钮，得到图3-5所示的直线。

图3-4   图3-5

3.1.2 绘制弧线

1. 拖曳光标绘制弧线

选择"弧形"工具，在页面中需要的位置单击并按住鼠标左键不放，拖曳光标到需要的位置，释放鼠标左键，绘制出一段弧线，效果如图 3-6 所示。

选择"弧形"工具 ⌒ ，按住 Shift 键，在页面中需要的位置单击并按住鼠标左键不放，拖曳光标到需要的位置，释放鼠标左键，绘制出在水平和垂直方向上长度相等的弧线，效果如图 3-7 所示。

选择"弧形"工具 ⌒ ，按住 ~ 键，在页面中需要的位置单击并按住鼠标左键不放，拖曳光标到需要的位置，释放鼠标左键，绘制出多条弧线，效果如图 3-8 所示。

图 3-6   图 3-7   图 3-8

2. 精确绘制弧线

选择"弧形"工具 ⌒ ，在页面中需要的位置单击鼠标，或双击"弧形"工具 ⌒ ，都将弹出"弧线段工具选项"对话框，如图 3-9 所示。在对话框中，"X 轴长度"选项可以设置弧线水平方向的长度，"Y 轴长度"选项可以设置弧线垂直方向的长度，"类型"选项可以设置弧线类型，"基线轴"选项可以选择坐标轴，勾选"弧线填色"复选框可以填充弧线。设置完成后，单击"确定"按钮，得到如图 3-10 所示的弧形。输入不同的数值，将会得到不同的弧形，效果如图 3-11 所示。

图 3-9   图 3-10   图 3-11

3.1.3 绘制螺旋线

1. 拖曳光标绘制螺旋线

选择"螺旋线"工具 ◉ ，在页面中需要的位置单击并按住鼠标左键不放，拖曳光标到需要的位置，释放鼠标左键，绘制出螺旋线，如图 3-12 所示。

选择"螺旋线"工具 ◉ ，按住 Shift 键，在页面中需要的位置单击并按住鼠标左键不放，拖曳光标到需要的位置，释放鼠标左键，绘制出螺旋线，绘制的螺旋线转动的角度将是强制角度（默认设置是 45°）的整倍数。

选择"螺旋线"工具 ◉ ，按住 ~ 键，在页面中需要的位置单击并按住鼠标左键不放，拖曳光标到需要的位置，释放鼠标左键，绘制出多条螺旋线，效果如图 3-13 所示。

图 3-12   图 3-13

2. 精确绘制螺旋线

选择"螺旋线"工具 ，在页面中需要的位置单击，弹出"螺旋线"对话框，如图 3-14 所示。在对话框中，"半径"选项可以设置螺旋线的半径，螺旋线的半径指的是从螺旋线的中心点到螺旋线终点之间的距离；"衰减"选项可以设置螺旋形内部线条之间的螺旋圈数；"段数"选项可以设置螺旋线的螺旋段数；"样式"单选项按钮用来设置螺旋线的旋转方向。设置完成后，单击"确定"按钮，得到如图 3-15 所示的螺旋线。

图 3-14   图 3-15

3.1.4 绘制矩形网格

1. 拖曳光标绘制矩形网格

选择"矩形网格"工具 ，在页面中需要的位置单击并按住鼠标左键不放，拖曳光标到需要的位置，释放鼠标左键，绘制出一个矩形网格，效果如图 3-16 所示。

选择"矩形网格"工具 ，按住 Shift 键，在页面中需要的位置单击并按住鼠标左键不放，拖曳光标到需要的位置，释放鼠标左键，绘制出一个正方形网格，效果如图 3-17 所示。

选择"矩形网格"工具 ，按住 ~ 键，在页面中需要的位置单击并按住鼠标左键不放，拖曳光标到需要的位置，释放鼠标左键，绘制出多个矩形网格，效果如图 3-18 所示。

图 3-16   图 3-17   图 3-18

提示

选择"矩形网格"工具▦，在页面中需要的位置单击并按住鼠标左键不放，拖曳光标到需要的位置，再按住键盘上"方向"键中的向上移动键，可以增加矩形网格的行数。如果按住键盘上"方向"键中的向下移动键，则可以减少矩形网格的行数。此方法在"极坐标网格"工具◉、"多边形"工具⬡、"星形"工具☆中同样适用。

2. 精确绘制矩形网格

选择"矩形网格"工具▦，在页面中需要的位置单击，弹出"矩形网格工具选项"对话框，如图 3-19 所示。在对话框的"默认大小"选项组中，"宽度"选项可以设置矩形网格的宽度，"高度"选项可以设置矩形网格的高度；在"水平分隔线"选项组中，"数量"选项可以设置矩形网格中水平网格线的数量，"下、上方倾斜"选项可以设置水平网格的倾向；在"垂直分隔线"选项组中，"数量"选项可以设置矩形网格中垂直网格线的数量，"左、右方倾斜"选项可以设置垂直网格的倾向。设置完成后，单击"确定"按钮，得到图 3-20 所示的矩形网格。

图 3-19

图 3-20

3.1.5 绘制极坐标网格

1. 拖曳光标绘制极坐标网格

选择"极坐标网格"工具◉，在页面中需要的位置单击并按住鼠标左键不放，拖曳光标到需要的位置，释放鼠标左键，绘制出一个极坐标网格，效果如图 3-21 所示。

选择"极坐标网格"工具◉，按住 Shift 键，在页面中需要的位置单击并按住鼠标左键不放，拖曳光标到需要的位置，释放鼠标左键，绘制出一个圆形极坐标网格，效果如图 3-22 所示。

选择"极坐标网格"工具◉，按住 ~ 键，在页面中需要的位置单击并按住鼠标左键不放，拖曳光标到需要的位置，释放鼠标左键，绘制出多个极坐标网格，效果如图 3-23 所示。

图 3-21   图 3-22   图 3-23

2. 精确绘制极坐标网格

选择"极坐标网格"工具，在页面中需要的位置单击，弹出"极坐标网格工具选项"对话框，如图 3-24 所示。在对话框中的"默认大小"选项组中，"宽度"选项可以设置极坐标网格图形的宽度，"高度"选项可以设置极坐标网格图形的高度；在"同心圆分隔线"选项组中，"数量"选项可以设置极坐标网格图形中同心圆的数量，"内、外倾斜"选项可以设置极坐标网格图形的排列倾向；在"径向分隔线"选项组中，"数量"选项可以设置极坐标网格图形中射线的数量，"下、上方倾斜"选项可以设置极坐标网格图形排列倾向。设置完成后，单击"确定"按钮，得到图 3-25 所示的极坐标网格。

图 3-24   图 3-25

3.2 绘制基本图形

矩形、圆形、多边形和星形是最简单、最基本、也是最重要的图形。在 Illustrator CC 中，矩形工具、圆角矩形工具、椭圆工具、多边形工具和星形工具的使用方法比较类似，通过使用这些工具，可以很方便地在绘图页面上拖曳光标绘制出各种形状，还能够通过设置相应的对话框精确绘制图形。

3.2.1 课堂案例——绘制书签

 案例学习目标

学习使用基本图形工具绘制标签。

　　使用矩形工具、星形工具、圆角矩形工具、弧线工具、直线段工具和椭圆形工具绘制图形。书签效果
如图 3-26 所示。

　　资源包/Ch03/效果/绘制书签.ai。

图 3-26

绘制书签

STEP 1 按 Ctrl+N 组合键，新建一个文档，宽度为 100mm，高度为 100mm，取向为竖向，颜
色模式为 CMYK，单击"确定"按钮。

STEP 2 选择"矩形"工具 ▢，在适当的位置绘制矩形，设置图形填充色的 C、M、Y、K 值分
别为 48、37、36、0，填充图形，并设置描边色为无，效果如图 3-27 所示。

STEP 3 选择"椭圆"工具 ◯，在适当的位置绘制椭圆形，设置图形填充色的 C、M、Y、K 值
分别为 18、0、7、0，填充图形，并设置描边色为无，效果如图 3-28 所示。

STEP 4 选择"矩形"工具 ▢，在适当的位置绘制矩形，设置图形填充色的 C、M、Y、K 值分
别为 18、0、7、0，填充图形，并设置描边色为无，效果如图 3-29 所示。用相同方法绘制其他矩形，并
填充适当颜色，效果如图 3-30 所示。

图 3-27

图 3-28

图 3-29

图 3-30

STEP 5 选择"选择"工具 ▶，选取绘制的图形，按 Ctrl+C 组合键，复制图形，按 Ctrl+F 组合
键，将复制的图形贴在原图的前面，如图 3-31 所示。按住 Alt+Shift 组合键的同时，等比例缩放图形，效
果如图 3-32 所示。按 Ctrl+] 组合键，将选取图形向前移动一层，效果如图 3-33 所示。设置图形填充色
的 C、M、Y、K 值分别为 65、0、5、0，填充图形，效果如图 3-34 所示。

图 3-31　　　　　图 3-32　　　　　图 3-33　　　　　图 3-34

STEP 6 选择"星形"工具 ☆，绘制星形，填充为无，并设置描边色为白色，"描边粗细"选项设为 1pt，效果如图 3-35 所示。用相同的方法绘制适当大小的星形，效果如图 3-36 所示。

STEP 7 选择"圆角矩形"工具 ⬜，在适当的位置单击鼠标左键，弹出"圆角矩形"对话框，设置如图 3-37 所示，单击"确定"按钮，绘制圆角矩形，设置图形填充色的 C、M、Y、K 值分别为 18、0、7、0，填充图形，并设置描边色为无，效果如图 3-38 所示。

图 3-35　　　　　图 3-36　　　　　图 3-37　　　　　图 3-38

STEP 8 选择"直线段"工具 ／，在适当的位置绘制直线，设置描边色为白色，在属性栏将"描边粗细"选项设为 1pt，效果如图 3-39 所示。选择"选择"工具 ▶，选取绘制的直线，按住 Alt+Shift 键的同时，水平向右拖曳直线到适当位置，复制直线，效果如图 3-40 所示。按 Ctrl+D 组合键，复制出多个直线，效果如图 3-41 所示。选取需要的直线，适当调整直线大小，效果如图 3-42 所示。选取绘制的直线，按 Ctrl+G 组合键，将直线群组。

图 3-39　　　　　图 3-40　　　　　图 3-41　　　　　图 3-42

STEP 9 选择"椭圆"工具 ⬭，按住 Shift 键的同时，在适当的位置绘制圆形，设置图形填充色的 C、M、Y、K 值分别为 36、100、100、2，填充图形，并设置描边色为无，效果如图 3-43 所示。

STEP 10 选择"选择"工具 ▶，选取刚刚绘制的圆形。选择"对象 > 变换 > 缩放"命令，在弹出的"比例缩放"对话框中进行设置，如图 3-44 所示，单击"复制"按钮，复制出一个圆形。并设置图形填充色的 C、M、Y、K 值分别为 48、37、36、0，填充图形，效果如图 3-45 所示。

图 3-43　　　　　　　图 3-44　　　　　　　图 3-45

STEP 11 选择"弧形"工具 ⌒，在灰色圆上方绘制两条曲线，设置描边色的 C、M、Y、K 值分别为 61、100、100、58，填充描边，在属性栏将"描边粗细"选项设为 1pt，效果如图 3-46 所示。

STEP 12 选择"选择"工具 ↖，选取需要的曲线，按 Ctrl+ [组合键多次，向后移动图形，效果如图 3-47 所示。书签绘制完成，效果如图 3-48 所示。

图 3-46　　　　　　　图 3-47　　　　　　　图 3-48

3.2.2　绘制矩形和圆角矩形

1. 使用光标绘制矩形

选择"矩形"工具 ▣，在页面中需要的位置单击并按住鼠标左键不放，拖曳光标到需要的位置，释放鼠标左键，绘制出一个矩形，效果如图 3-49 所示。

选择"矩形"工具 ▣，按住 Shift 键，在页面中需要的位置单击并按住鼠标左键不放，拖曳光标到需要的位置，释放鼠标左键，绘制出一个正方形，效果如图 3-50 所示。

选择"矩形"工具 ▣，按住 ~ 键，在页面中需要的位置单击并按住鼠标左键不放，拖曳光标到需要的位置，释放鼠标左键，绘制出多个矩形，效果如图 3-51 所示。

图 3-49　　　　　　　图 3-50　　　　　　　图 3-51

选择"矩形"工具 ，按住 Alt 键，在页面中需要的位置单击并按住鼠标左键不放，拖曳光标到需要的位置，释放鼠标左键，可以绘制一个以鼠标单击点为中心的矩形。

选择"矩形"工具 ，按住 Alt+Shift 组合键，在页面中需要的位置单击并按住鼠标左键不放，拖曳光标到需要的位置，释放鼠标左键，可以绘制一个以鼠标单击点为中心的正方形。

选择"矩形"工具 ，在页面中需要的位置单击并按住鼠标左键不放，拖曳光标到需要的位置，再按住 Space 键，可以暂停绘制工作而在页面上任意移动未绘制完成的矩形，释放 Space 键后可继续绘制矩形。

上述方法在"圆角矩形"工具 、"椭圆"工具 、"多边形"工具 、"星形"工具 中同样适用。

2. 精确绘制矩形

选择"矩形"工具 ，在页面中需要的位置单击，弹出"矩形"对话框，如图 3-52 所示。在对话框中，"宽度"选项可以设置矩形的宽度，"高度"选项可以设置矩形的高度。设置完成后，单击"确定"按钮，得到图 3-53 所示的矩形。

图 3-52 图 3-53

3. 使用光标绘制圆角矩形

选择"圆角矩形"工具 ，在页面中需要的位置单击并按住鼠标左键不放，拖曳光标到需要的位置，释放鼠标左键，绘制出一个圆角矩形，效果如图 3-54 所示。

选择"圆角矩形"工具 ，按住 Shift 键，在页面中需要的位置单击并按住鼠标左键不放，拖曳光标到需要的位置，释放鼠标左键，可以绘制一个宽度和高度相等的圆角矩形，效果如图 3-55 所示。

选择"圆角矩形"工具 ，按住 ~ 键，在页面中需要的位置单击并按住鼠标左键不放，拖曳光标到需要的位置，释放鼠标左键，绘制出多个圆角矩形，效果如图 3-56 所示。

图 3-54 图 3-55 图 3-56

4. 精确绘制圆角矩形

选择"圆角矩形"工具 ，在页面中需要的位置单击，弹出"圆角矩形"对话框，如图 3-57 所示。在对话框中，"宽度"选项可以设置圆角矩形的宽度，"高度"选项可以设置圆角矩形的高度，"圆角半径"选项可以控制圆角矩形中圆角半径的长度。设置完成后，单击"确定"按钮，得到图 3-58 所示的圆角矩形。

图 3-57   图 3-58

3.2.3 绘制椭圆形和圆形

1. 使用光标绘制椭圆形

选择"椭圆"工具 ，在页面中需要的位置单击并按住鼠标左键不放，拖曳光标到需要的位置，释放鼠标左键，绘制出一个椭圆形，如图 3-59 所示。

选择"椭圆"工具 ，按住 Shift 键，在页面中需要的位置单击并按住鼠标左键不放，拖曳光标到需要的位置，释放鼠标左键，绘制出一个圆形，效果如图 3-60 所示。

选择"椭圆"工具 ，按住 ~ 键，在页面中需要的位置单击并按住鼠标左键不放，拖曳光标到需要的位置，释放鼠标左键，可以绘制多个椭圆形，效果如图 3-61 所示。

图 3-59   图 3-60   图 3-61

2. 精确绘制椭圆形

选择"椭圆"工具 ，在页面中需要的位置单击，弹出"椭圆"对话框，如图 3-62 所示。在对话框中，"宽度"选项可以设置椭圆形的宽度，"高度"选项可以设置椭圆形的高度。设置完成后，单击"确定"按钮，得到图 3-63 所示的椭圆形。

图 3-62   图 3-63

3.2.4 绘制多边形

1. 使用鼠标绘制多边形

选择"多边形"工具 ，在页面中需要的位置单击并按住鼠标左键不放，拖曳光标到需要的位置，释放鼠标左键，绘制出一个多边形，如图 3-64 所示。

选择"多边形"工具 ，按住 Shift 键，在页面中需要的位置单击并按住鼠标左键不放，拖曳光标到需要的位置，释放鼠标左键，绘制出一个正多边形，效果如图 3-65 所示。

选择"多边形"工具 ，按住 ~ 键，在页面中需要的位置单击并按住鼠标左键不放，拖曳光标到需要的位置，释放鼠标左键，绘制出多个多边形，效果如图 3-66 所示。

图 3-64   图 3-65   图 3-66

2. 精确绘制多边形

选择"多边形"工具 ，在页面中需要的位置单击，弹出"多边形"对话框，如图 3-67 所示。在对话框中，"半径"选项可以设置多边形的半径，半径指的是从多边形中心点到多边形顶点的距离，而中心点一般为多边形的重心；"边数"选项可以设置多边形的边数。设置完成后，单击"确定"按钮，得到图 3-68 所示的多边形。

图 3-67   图 3-68

3.2.5 绘制星形

1. 使用鼠标绘制星形

选择"星形"工具 ☆，在页面中需要的位置单击并按住鼠标左键不放，拖曳光标到需要的位置，释放鼠标左键，绘制出一个星形，效果如图 3-69 所示。

选择"星形"工具 ☆，按住 Shift 键，在页面中需要的位置单击并按住鼠标左键不放，拖曳光标到需要的位置，释放鼠标左键，绘制出一个正星形，效果如图 3-70 所示。

选择"星形"工具 ☆，按住 ~ 键，在页面中需要的位置单击并按住鼠标左键不放，拖曳光标到需要的位置，释放鼠标左键，绘制出多个星形，效果如图 3-71 所示。

图 3-69   图 3-70   图 3-71

2. 精确绘制星形

选择"星形"工具 ☆，在页面中需要的位置单击，弹出"星形"对话框，如图 3-72 所示。在对话框中，"半径 1"选项可以设置从星形中心点到各外部角的顶点的距离，"半径 2"选项可以设置从星形中心点到各内部角的端点的距离，"角点数"选项可以设置星形中的边角数量。设置完成后，单击"确定"按钮，得到图 3-73 所示的星形。

图 3-72

图 3-73

3.2.6　绘制光晕形

应用光晕工具可以绘制出镜头光晕的效果，在绘制出的图形中包括一个明亮的发光点，以及光晕、光线和光环等对象，通过调节中心控制点和末端控制柄的位置，可以改变光线的方向。光晕形的组成部分如图 3-74 所示。

图 3-74

1. 使用鼠标绘制光晕形

选择"光晕"工具 ⊙，在页面中需要的位置单击并按住鼠标左键不放，拖曳光标到需要的位置，如图 3-75 所示。释放鼠标左键，然后在其他需要的位置再次单击并拖动鼠标，如图 3-76 所示。释放鼠标左键，绘制出一个光晕形，如图 3-77 所示。取消选取后的光晕形效果如图 3-78 所示。

图 3-75　　　　　　　图 3-76　　　　　　　图 3-77　　　　　　　图 3-78

 提示

在光晕保持不变时，不释放鼠标左键，按住 Shift 键后再次拖动鼠标，中心控制点、光线和光晕随光标拖曳按比例缩放；按住 Ctrl 键后再次拖曳光标，中心控制点的大小保持不变，而光线和光晕随光标拖曳按比例缩放；同时按住键盘上"方向"键中的向上移动键，可以逐渐增加光线的数量；按住键盘上"方向"键中的向下移动键，则可以逐渐减少光线的数量。

下面介绍调节中心控制点和末端控制手柄之间的距离，以及光环的数量。

在绘制出的光晕形保持不变时，如图 3-78 所示，把光标移动到末端控制柄上，当光标变成符号"✥"时，拖曳光标调整中心控制点和末端控制柄之间的距离，如图 3-79 和图 3-80 所示。

图 3-79   图 3-80

在绘制出的光晕形保持不变时，如图 3-78 所示，把光标移动到末端控制柄上，当光标变成符号"✥"时拖曳光标，按住 Ctrl 键后再次拖曳，可以单独更改终止位置光环的大小，如图 3-81 和图 3-82 所示。

图 3-81   图 3-82

在绘制出的光晕形保持不变时，如图 3-78 所示，把光标移动到末端控制柄上，当光标变成符号"✥"时拖曳光标，按住 ~ 键，可以重新随机地排列光环的位置，如图 3-83 和图 3-84 所示。

图 3-83   图 3-84

2. 精确绘制光晕形

选择"光晕"工具，在页面中需要的位置单击鼠标，或双击"光晕"工具，弹出"光晕工具选项"对话框，如图 3-85 所示。

在对话框的"居中"选项组中，"直径"选项可以设置中心控制点直径的大小，"不透明度"选项可以设置中心控制点的不透明度比例，"亮度"选项可以设置中心控制点的亮度比例。在"光晕"选项组中，"增大"选项可以设置光晕围绕中心控制点的辐射程度，"模糊度"选项可以设置光晕在图形中的模糊程度。在"射线"选项组中，"数量"选项可以设置光线的数量，"最长"选项可以设置光线的长度，"模糊度"选项可以设置光线在图形中的模糊程度。在"环形"选项组中，"路径"选项可以设置光环所在路径的长度值，"数量"选项可以设置光环在图形中的数量，"最大"选项可以设置光环的大小比例，"方向"选项可以设置光环在图形中的旋转角度，还可以通过右边的角度控制按钮调节光环的角度。设置完成后，单击"确定"按钮，得到图 3-86 所示的光晕形。

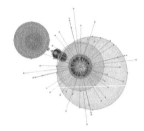

图 3-85　　　　　　　　　　　　　　　　　图 3-86

3.3 手绘图形

Illustrator CC 提供了铅笔工具和画笔工具，用户可以使用这些工具绘制种类繁多的图形和路径，还提供了平滑工具和路径橡皮擦工具来修饰绘制的图形和路径。

3.3.1 课堂案例——绘制指示牌效果

➕ **案例学习目标**

学习使用图形工具、文字工具命令绘制标牌效果。

➕ **案例知识要点**

使用钢笔工具绘制背景图形。使用矩形工具、直线工具和椭圆形工具绘制图形。使用文字工具输入文字。指示牌效果如图 3-87 所示。

➕ **效果所在位置**

资源包/Ch03/效果/绘制指示牌效果.ai。

图 3-87

绘制指示牌效果

STEP🔖1 按 Ctrl+N 组合键，新建一个文档，宽度为 60mm，高度为 60mm，取向为竖向，颜色模式为 CMYK，单击"确定"按钮。

STEP▲2 选择"钢笔"工具 ，在适当的位置绘制不规则图形，设置图形填充色的 C、M、Y、K 值分别为 32、16、19、0，填充图形，并设置描边色为无，效果如图 3-88 所示。在属性栏中将"不透明度"选项设为 66%，，效果如图 3-89 所示。

图 3-88　　　　　　　　　　　图 3-89

STEP▲3 选择"矩形"工具 ，在适当的位置绘制矩形，设置图形填充色的 C、M、Y、K 值分别为 84、64、50、7，填充图形，并设置描边色为无，效果如图 3-90 所示。用相同方法绘制其他矩形，并填充适当颜色，效果如图 3-91 所示。

图 3-90　　　　　　　　　　　图 3-91

STEP▲4 选择"椭圆"工具 ，按住 Shift 键的同时，在适当的位置绘制圆形，设置图形填充色的 C、M、Y、K 值分别为 84、64、50、7，填充图形，并设置描边色为无，效果如图 3-92 所示。

STEP▲5 选择"文字"工具 ，在适当的位置输入需要的文字，选择"选择"工具 ，在属性栏中选择合适的字体并设置文字大小，设置文字填充色的 C、M、Y、K 值分别为 84、64、50、7，填充文字，效果如图 3-93 所示。

图 3-92　　　　　　　　　　　图 3-93

STEP▲6 选择"直线段"工具 ，在适当的位置绘制直线，设置描边色的 C、M、Y、K 值分别为 84、64、50、7，在属性栏将"描边粗细"选项设为 0.25pt，效果如图 3-94 所示。单击属性栏中"画笔定义"按钮 ————基本 ▼，在弹出的列表框中，选取需要的画笔，如图 3-95 所示。指示牌绘制完成，效果如图 3-96 所示。

图 3-94	图 3-95	图 3-96

3.3.2　使用画笔工具

画笔工具可以绘制出样式繁多的精美线条和图形，绘制出风格迥异的图像。调节不同的刷头还可以达到不同的绘制效果。

选择"画笔"工具，选择"窗口 > 画笔"命令，弹出"画笔"控制面板，如图 3-97 所示。在控制面板中选择任意一种画笔样式。在页面中需要的位置单击并按住鼠标左键不放，向右拖曳光标进行线条的绘制；释放鼠标左键，线条绘制完成，如图 3-98 所示。

图 3-97	图 3-98

选取绘制的线条，如图 3-99 所示。选择"窗口 > 描边"命令，弹出"描边"控制面板，在控制面板中的"粗细"选项中选择或设置需要的描边大小，如图 3-100 所示。线条的效果如图 3-101 所示。

图 3-99	图 3-100	图 3-101

双击"画笔"工具，弹出"画笔工具选项"对话框，如图 3-102 所示。在对话框的"容差"选项组中，"保真度"选项可以调节绘制曲线上的点的精确度，"平滑度"选项可以调节绘制曲线的平滑度。在"选项"选项组中，勾选"填充新画笔描边"复选项，则每次使用画笔工具绘制图形时，系统都会自动地以默认颜色来填充对象的笔画；勾选"保持选定"复选项，绘制的曲线处于被选取状态；勾选"编辑所选路径"复选项，画笔工具可以对选中的路径进行编辑。

选择"窗口 > 画笔"命令，弹出"画笔"控制面板，如图 3-97 所示。在"画笔"控制面板中，包含了许多的内容，下面进行详细讲解。

1. 画笔类型

Illustrator CC 包括了 5 种类型的画笔，即散点画笔、书法画笔、毛刷画笔、图案画笔和艺术画笔。

（1）散点画笔

单击"画笔"控制面板右上角的图标，将弹出其下拉菜单。在系统默认状态下"显示散点画笔"命令为灰色，选择"打开画笔库"命令，弹出子菜单，如图 3-103 所示。在弹出的菜单中选择任意一种散点画笔，弹出相应的控制面板，如图 3-104 所示。在控制面板中单击画笔，画笔就被加载到"画笔"控制面板中，如图 3-105 所示。选择任意一种散点画笔，再选择"画笔"工具，用鼠标在页面上连续单击或进行拖曳，就可以绘制出需要的图像，效果如图 3-106 所示。

图 3-102   图 3-103

图 3-104   图 3-105   图 3-106

（2）书法画笔

在系统默认状态下，书法画笔为显示状态，"画笔"控制面板的第一排为书法画笔，如图 3-107 所示。选择任意一种书法画笔，选择"画笔"工具，在页面中需要的位置单击并按住鼠标左键不放，拖曳光标进行线条的绘制，释放鼠标左键，线条绘制完成，效果如图 3-108 所示。

图 3-107   图 3-108

（3）毛刷画笔

在系统默认状态下，毛刷画笔为显示状态，"画笔"控制面板的第三排为毛刷画笔，如图 3-109 所示。选择"画笔"工具 ，在页面中需要的位置单击并按住鼠标左键不放，拖曳光标进行线条的绘制，释放鼠标左键，线条绘制完成，效果如图 3-110 所示。

图 3-109　　　　　　　　　　图 3-110

（4）图案画笔

单击"画笔"控制面板右上角的图标 ，将弹出其下拉菜单，选择"打开画笔库"命令，在弹出的菜单中选择任意一种图案画笔，弹出相应的控制面板，如图 3-111 所示。在控制面板中单击画笔，画笔就被加载到"画笔"控制面板中，如图 3-112 所示。选择任意一种图案画笔，再选择"画笔"工具 ，用鼠标在页面上连续单击或进行拖曳，就可以绘制出需要的图像，效果如图 3-113 所示。

图 3-111　　　　　　　　图 3-112　　　　　　　　图 3-113

（5）艺术画笔

在系统默认状态下，艺术画笔为显示状态，"画笔"控制面板的图案画笔以下为艺术画笔，如图 3-114 所示。选择任意一种艺术画笔，选择"画笔"工具 ，在页面中需要的位置单击并按住鼠标左键不放，拖曳光标进行线条的绘制，释放鼠标左键，线条绘制完成，效果如图 3-115 所示。

图 3-114　　　　　　　　　　图 3-115

2. 更改画笔类型

选中想要更改画笔类型的图像，如图 3-116 所示。在"画笔"控制面板中单击需要的画笔样式，如图 3-117 所示。更改画笔后的图像效果如图 3-118 所示。

图 3-116　　　　　　　　　　图 3-117　　　　　　　　　　图 3-118

3. "画笔"控制面板的按钮

"画笔"控制面板下面有 4 个按钮。从左到右依次是"移去画笔描边"按钮 ✕ 、"所选对象的选项"按钮 ▣ 、"新建画笔"按钮 ▢ 和"删除画笔"按钮 🗑 。

"移去画笔描边"按钮 ✕ ：可以将当前被选中的图形上的描边删除，而留下原始路径。

"所选对象的选项"按钮 ▣ ：可以打开应用到被选中图形上的画笔的选项对话框，在对话框中可以编辑画笔。

"新建画笔"按钮 ▢ ：可以创建新的画笔。

"删除画笔"按钮 🗑 ：可以删除选定的画笔样式。

4. "画笔"控制面板的下拉式菜单

单击"画笔"控制面板右上角的图标 ▼☰ ，弹出其下拉菜单，如图 3-119 所示。

"新建画笔"命令、"删除画笔"命令、"移去画笔描边"命令和"所选对象的选项"命令与相应的按钮功能是一样的。"复制画笔"命令可以复制选定的画笔。"选择所有未使用的画笔"命令将选中在当前文档中还没有使用过的所有画笔。"列表视图"命令可以将所有的画笔类型以列表的方式按照名称顺序排列，在显示小图标的同时还可以显示画笔的种类，如图 3-120 所示。"画笔选项"命令可以打开相关的选项对话框对画笔进行编辑。

图 3-119　　　　　　　　　　图 3-120

5. 编辑画笔

Illustrator CC 提供了对画笔编辑的功能，例如，改变画笔的外观、大小、颜色、角度，以及箭头方向等。对于不同的画笔类型，编辑的参数也有所不同。

选中"画笔"控制面板中需要编辑的画笔，如图 3-121 所示。单击控制面板右上角的图标 ▼☰ ，在弹出

式菜单中选择"画笔选项"命令，弹出"散点画笔选项"对话框，如图 3-122
所示。在对话框中的"名称"选项可以设定画笔的名称；"大小"选项可以
设定画笔图案与原图案之间比例大小的范围；"间距"选项可以设定"画笔"
工具 在绘图时，沿路径分布的图案之间的距离；"分布"选项可以设定
路径两侧分布的图案之间的距离；"旋转"选项可以设定各个画笔图案的旋
转角度；"旋转相对于"选项可以设定画笔图案是相对于"页面"还是相对
于"路径"来旋转；"着色"选项组中的"方法"选项可以设置着色的方法；
"主色"选项后的吸管工具可以选择颜色，其后的色块即是所选择的颜色；

图 3-121

单击"提示"按钮 ，弹出"着色提示"对话框，如图 3-123 所示。设置完成后，单击"确定"按钮，即
可完成画笔的编辑。

图 3-122

图 3-123

6. 自定义画笔

　　Illustrator CC 除了利用系统预设的画笔类型和编辑已有的画笔外，还可以使用自定义的画笔。不同类
型的画笔，定义的方法类似。如果新建散点画笔，那么作为散点画笔的图形对象中就不能包含有图案、渐
变填充等属性。如果新建书法画笔和艺术画笔，就不需要事先制作好图案，只要在其相应的画笔选项对话
框中进行设定即可。

　　选中想要制作成为画笔的对象，如图 3-124 所示。单击"画笔"控制面板下面的"新建画笔"按钮 ，
或选择控制面板右上角的按钮 ，在弹出式菜单中选择"新建画笔"命令，弹出"新建画笔"对话框，如
图 3-125 所示。

图 3-124

图 3-125

选择"图案画笔"单选项，单击"确定"按钮，弹出"图案画笔选项"对话框，如图 3-126 所示。在对话框中，"名称"选项用于设置图案画笔的名称；"缩放"选项设置图案画笔的缩放比例；"间距"选项用于设置图案之间的间距；选项设置画笔的外角拼贴、边线拼贴、内角拼贴、起点拼贴和终点拼贴；"翻转"选项组用于设置图案的翻转方向；"适合"选项组设置图案与图形的适合关系；"着色"选项组设置图案画笔的着色方法和主色调。单击"确定"按钮，制作的画笔将自动添加到"画笔"控制面板中，如图 3-127 所示。使用新定义的画笔可以在绘图页面上绘制图形，如图 3-128 所示。

图 3-126 　　　　　　　图 3-127 　　　　　　　图 3-128

3.3.3　使用画笔库

Illustrator CC 不但提供了功能强大的画笔工具，还提供了多种画笔库，其中包含箭头、艺术效果、装饰、边框和默认画笔等，这些画笔可以任意调用。

选择"窗口 > 画笔库"命令，在弹出式菜单中显示一系列的画笔库命令。分别选择各个命令，可以弹出一系列的"画笔"控制面板，如图 3-129 所示。Illustrator CC 还允许调用其他"画笔库"。选择"窗口 > 画笔库 > 其他库"命令，弹出"选择要打开的库："对话框，可以选择其他合适的库，如图 3-130 所示。

图 3-129

图 3-130

3.3.4　使用铅笔工具

使用"铅笔"工具 ✐ 可以随意绘制出自由的曲线路径，在绘制过程中 Illustrator CC 会自动依据光标的轨迹来设定节点而生成路径。铅笔工具既可以绘制闭合路径，又可以绘制开放路径，还可以将已经存在的曲线节点作为起点，延伸绘制出新的曲线，从而达到修改曲线的目的。

选择"铅笔"工具 ✐，在页面中需要的位置单击并按住鼠标左键不放，拖曳光标到需要的位置，可以绘制一条路径，如图 3-131 所示。释放鼠标左键，绘制出的效果如图 3-132 所示。

选择"铅笔"工具 ✐，在页面中需要的位置单击并按住鼠标左键，拖曳光标到需要的位置，按住 Alt键，如图 3-133 所示。释放鼠标左键，可以绘制一条闭合的曲线，如图 3-134 所示。

图 3-131　　　　　　图 3-132　　　　　　　　图 3-133　　　　　　　图 3-134

绘制一个闭合的图形并选中这个图形，再选择"铅笔"工具 ✐，在闭合图形上的两个节点之间拖曳，如图 3-135 所示。可以修改图形的形状，释放鼠标左键，得到的图形效果如图 3-136 所示。

图 3-135　　　　　　　　　　图 3-136

双击"铅笔"工具 ✐，弹出"铅笔工具选项"对话框，如图 3-137 所示。在对话框的"容差"选项组中，"保真度"选项可以调节绘制曲线上的点的精确度，"平滑度"选项可以调节绘制曲线的平滑度。

在"选项"选项组中，勾选"填充新铅笔描边"复选项，如果当前设置了填充颜色，绘制出的路径将使用该颜色；勾选"保持选定"复选项，绘制的曲线处于被选取状态；勾选"编辑所选路径"复选项，铅笔工具可以对选中的路径进行编辑。

图 3-137

3.3.5 使用平滑工具

使用"平滑"工具![铅笔]可以将尖锐的曲线变得较为光滑。

绘制曲线并选中绘制的曲线，选择"平滑"工具![铅笔]，将光标移到需要平滑的路径旁，按住鼠标左键不放并在路径上拖曳，如图 3-138 所示，路径平滑后的效果如图 3-139 所示。

图 3-138   图 3-139

双击"平滑"工具![铅笔]，弹出"平滑工具选项"对话框，如图 3-140 所示。在对话框中，"保真度"选项可以调节处理曲线上点的精确度，"平滑度"选项可以调节处理曲线的平滑度。

图 3-140

3.3.6 使用路径橡皮擦工具

使用"路径橡皮擦"工具![橡皮擦]可以擦除已有路径的全部或一部分，但是"路径橡皮擦"工具![橡皮擦]不能应用于文本对象和包含有渐变网格的对象。

选中想要擦除的路径，选择"路径橡皮擦"工具![橡皮擦]，将光标移到需要清除的路径旁，按住鼠标左键不放并在路径上拖曳，如图 3-141 所示。擦除路径后的效果如图 3-142 所示。

图 3-141　　　　　　　　　　图 3-142

3.4 对象的编辑

Illustrator CC 提供了强大的对象编辑功能，这一节中将讲解编辑对象的方法，其中包括对象的多种选取方式，对象的比例缩放、移动、镜像、旋转、倾斜、扭曲变形、复制、删除，以及使用"路径查找器"控制面板编辑对象等。

3.4.1 课堂案例——绘制小动物

案例学习目标

学习使用绘图工具、缩放命令、复制和粘贴命令绘制可爱动物。

案例知识要点

使用椭圆工具、矩形工具、钢笔工具、螺旋线工具、路径查找器命令和多边形工具绘制图形。使用镜像命令、旋转命令、倾斜命令复制并调整动物图形。小动物效果如图 3-143 所示。

效果所在位置

资源包/Ch03/效果/绘制小动物.ai。

图 3-143

绘制小动物

STEP 1 按 Ctrl+N 组合键，新建一个文档，宽度为 70mm，高度为 70mm，取向为竖向，颜色模式为 CMYK，单击"确定"按钮。

STEP 2 选择"椭圆"工具，按住 Shift 键的同时，在适当的位置绘制圆形，设置图形填充色的 C、M、Y、K 值分别为 72、70、67、28，填充图形，并设置描边色为无，效果如图 3-144 所示。用相同方法绘制其他圆形，并填充适当的颜色，效果如图 3-145 所示。

STEP 3 选择"椭圆"工具，在适当的位置绘制椭圆形，设置图形填充色的 C、M、Y、K 值分别为 72、70、67、28，填充图形，并设置描边色为无，效果如图 3-146 所示。

图 3-144　　　　　　　　　图 3-145　　　　　　　　　图 3-146

STEP 4 选择"选择"工具 ，圈选绘制的图形，如图 3-147 所示。选择"窗口 ＞ 路径查找器"命令，弹出"路径查找器"控制面板，单击"联集"按钮 ，如图 3-148 所示。生成新的对象，效果如图 3-149 所示。

图 3-147　　　　　　　　　图 3-148　　　　　　　　　图 3-149

STEP 5 选择"钢笔"工具 ，在适当的位置绘制不规则图形，设置图形填充色的 C、M、Y、K 值分别为 1、8、5、0，填充图形，并设置描边色为无，效果如图 3-150 所示。用相同方法绘制动物的眼睛，并填充适当的颜色，效果如图 3-151 所示。

图 3-150　　　　　　　　　图 3-151

STEP 6 选择"椭圆"工具 ，在适当的位置绘制椭圆形，设置图形填充色的 C、M、Y、K 值分别为 72、70、67、28，填充图形，并设置描边色为无，效果如图 3-152 所示。

STEP 7 选择"钢笔"工具 ，在适当的位置绘制曲线，设置描边色的 C、M、Y、K 值分别为 72、70、67、28，在属性栏将"描边粗细"选项设为 2pt，效果如图 3-153 所示。

STEP 8 选择"钢笔"工具 ，在适当的位置绘制不规则图形，设置图形填充色的 C、M、Y、K 值分别为 72、70、67、28，填充图形，并设置描边色为无，效果如图 3-154 所示。用相同方法绘制其他图形，并填充适当的颜色，效果如图 3-155 所示。

图 3-152　　　　　　　　　　图 3-153

图 3-154　　　　　　　　　　图 3-155

STEP 9 选择"钢笔"工具 ，在适当的位置绘制不规则图形，设置图形填充色的 C、M、Y、K 值分别为 72、70、67、28，填充图形，并设置描边色为无，效果如图 3-156 所示。用相同方法绘制其他图形，并填充适当的颜色，效果如图 3-157 所示。

图 3-156　　　　　　　　　　图 3-157

STEP 10 选择"选择"工具 ，圈选绘制的图形，选择"对象 > 变换 > 对称"命令，在弹出的"镜像"对话框中进行设置，如图 3-158 所示。单击"复制"按钮，效果如图 3-159 所示。将复制的图形拖曳至适当位置，并连续按 Ctrl+ [组合键多次，向后移动图形，效果如图 3-160 所示。

图 3-158　　　　　　　图 3-159　　　　　　　图 3-160

STEP 11 选择"钢笔"工具 ，在适当的位置绘制不规则图形，设置图形填充色的 C、M、Y、K 值分别为 72、70、67、28，填充图形，并设置描边色为无，效果如图 3-161 所示。用相同方法绘制其他图形，并填充适当的颜色，效果如图 3-162 所示。连续按 Ctrl+ [组合键多次，向后移动图形，效果如图 3-163 所示。

图 3-161　　　　　图 3-162　　　　　图 3-163

STEP 12 选择"选择"工具，圈选绘制的图形，选择"对象 > 变换 > 对称"命令，在弹出的"镜像"对话框中进行设置，如图 3-164 所示。单击"复制"按钮，效果如图 3-165 所示。将复制的图形拖曳至适当位置，效果如图 3-166 所示。

图 3-164　　　　　图 3-165　　　　　图 3-166

STEP 13 选择"螺旋线"工具，在适当的位置绘制螺旋线，设置描边色的 C、M、Y、K 值分别为 72、70、67、28，在属性栏将"描边粗细"选项设为 2pt，效果如图 3-167 所示。

STEP 14 选择"直接选择"工具，调整螺旋线末端节点位置，如图 3-168 所示。选择"选择"工具，将绘制螺旋线旋转适当角度，并拖曳至适当位置，效果如图 3-169 所示。

图 3-167　　　　　图 3-168　　　　　图 3-169

STEP 15 选择"椭圆"工具，在适当的位置绘制椭圆形，设置图形填充色的 C、M、Y、K 值分别为 6、17、88、0，填充图形，并设置描边色为无，效果如图 3-170 所示。

STEP 16 选择"选择"工具，选取绘制的椭圆形，按住 Alt+Shift 组合键的同时，垂直向下拖曳椭圆形到适当位置，复制图形，如图 3-171 所示。圈选两个的椭圆形，按 Ctrl+G 组合键多次，将椭圆形编组。将编组的图形旋转适当角度，效果如图 3-172 所示。

图 3-170　　　　　　　图 3-171　　　　　　　图 3-172

STEP 17 选择"旋转"工具，按住 Alt 键的同时在两椭圆形中间单击，弹出"旋转"对话框，选项的设置如图 3-173 所示。单击"复制"按钮，效果如图 3-174 所示。连续按 Ctrl+D 组合键多次，复制出多个图形，效果如图 3-175 所示。

图 3-173　　　　　　　图 3-174　　　　　　　图 3-175

STEP 18 选择"矩形"工具，在适当的位置绘制矩形，设置图形填充色的 C、M、Y、K 值分别为 53、85、90、31，填充图形，并设置描边色为的 C、M、Y、K 值分别为 13、29、86、0，效果如图 3-176 所示。

STEP 19 选择"矩形网格"工具，在适当的位置单击，在弹出的"矩形网格工具选项"对话框中进行设置，如图 3-177 所示，效果如图 3-178 所示。按 Shift+Ctrl+G 组合键，取消编组，选择"选择"工具，选取所需的图形，按 Delete 键，将选取图形删除，效果如图 3-179 所示。

图 3-176　　　　　　图 3-177　　　　　　　图 3-178　　　　　　图 3-179

STEP 20 选择"选择"工具，圈选绘制的图形，将其拖曳至适当位置，设置描边色的 C、M、Y、K 值分别为 13、29、86、0，效果如图 3-180 所示。

STEP 21 选择"选择"工具 ，圈选绘制的图形，选择"对象 > 变换 > 倾斜"命令，在弹出的"镜像"对话框中进行设置，如图 3-181 所示。单击"确定"按钮，效果如图 3-182 所示。

图 3-180　　　　　　　　　　图 3-181　　　　　　　　　　图 3-182

STEP 22 选择"椭圆"工具 ，按住 Shift 键的同时，在适当的位置绘制圆形，设置图形填充色为无，并设置描边色为无，效果如图 3-183 所示。选择"对象 > 剪切蒙版 > 建立"命令，效果如图 3-184 所示。

图 3-183　　　　　　　　　　图 3-184

STEP 23 选择"选择"工具 ，圈选需要的图形，按 Ctrl+G 组合键多次，将图形编组，效果如图 3-185 所示。将其拖曳至适当位置，效果如图 3-186 所示。小动物绘制完成。

图 3-185　　　　　　　　　　图 3-186

3.4.2　对象的选取

Illustrator CC 中提供了 5 种选择工具，包括"选择"工具 、"直接选择"工具 、"编组选择"工具 、"魔棒"工具 和"套索"工具 。它们都位于工具箱的上方，如图 3-187 所示。

"选择"工具 ：通过单击路径上的一点或一部分来选择整个路径。

"直接选择"工具：可以选择路径上独立的节点或线段，并显示出路径上的所有方向线以便于调整。

"编组选择"工具：可以单独选择组合对象中的个别对象。

"魔棒"工具：可以选择具有相同笔画或填充属性的对象。

"套索"工具：可以选择路径上独立的节点或线段，在直接选取套索工具拖动时，经过轨迹上的所有路径将被同时选中。

图 3-187

编辑一个对象之前，首先要选中这个对象。对象刚建立时一般呈选取状态，对象的周围出现矩形圈选框，矩形圈选框是由 8 个控制手柄组成的，对象的中心有一个"▪"形的中心标记，对象矩形圈选框的示意图如图 3-188 所示。

当选取多个对象时，可以多个对象共有 1 个矩形圈选框。多个对象的选取状态如图 3-189 所示。要取消对象的选取状态，只要在绘图页面上的其他位置单击即可。

图 3-188

图 3-189

1. 使用选择工具选取对象

选择"选择"工具，当光标移动到对象或路径上时，指针变为"▸▫"，如图 3-190 所示；当光标移动到节点上时，指针变为"▸▫"，如图 3-191 所示；单击鼠标左键即可选取对象，指针变为"▸"，如图 3-192 所示。

图 3-190

图 3-191

图 3-192

按住 Shift 键，分别在要选取的对象上单击鼠标左键，即可连续选取多个对象。

选择"选择"工具，用鼠标在绘图页面中要选取的对象外围单击并拖曳鼠标，拖曳后会出现一个灰色的矩形圈选框，如图 3-193 所示。在矩形圈选框圈选住整个对象后释放鼠标，这时，被圈选的对象处于选取状态，如图 3-194 所示。

图 3-193　　　　　　　　　　　　　　图 3-194

用圈选的方法可以同时选取一个或多个对象。

2. 使用直接选择工具选取对象

选择"直接选择"工具，用鼠标单击对象可以选取整个对象，如图 3-195 所示。在对象的某个节点上单击，该节点将被选中，如图 3-196 所示。选中该节点不放，向下拖曳，将改变对象的形状，如图 3-197所示。

图 3-195　　　　　　　　图 3-196　　　　　　　　图 3-197

在移动节点的时候，按住 Shift 键，节点可以沿着45°角的整数倍方向移动；在移动节点时，按住 Alt 键，此时可以复制节点，这样就可以得到一段新路径。

3. 使用魔棒工具选取对象

双击"魔棒"工具，弹出"魔棒"控制面板，如图 3-198 所示。

勾选"填充颜色"复选项，可以使填充相同颜色的对象同时被选中；勾选"描边颜色"复选项，可以使填充相同描边的对象同时被选中；勾选"描边粗细"复选项，可以使填充相同笔画宽度的对象同时被选中；勾选"不透明度"复选项，可以使相同透明度的对象同时被选中；勾选"混合模式"复选项，可以使相同混合模式的对象同时被选中。

图 3-198

绘制 3 个图形，如图 3-199 所示。"魔棒"控制面板的设定如图 3-200所示。使用"魔棒"工具，单击左边的对象，那么填充相同颜色的对象都会被选取，效果如图 3-201 所示。

绘制 3 个图形，如图 3-202 所示。"魔棒"控制面板的设定如图 3-203 所示。使用"魔棒"工具，单击左边的对象，那么填充相同描边颜色的对象都会被选取，如图 3-204 所示。

图 3-199

图 3-200

图 3-201

图 3-202

图 3-203

图 3-204

4. 使用套索工具选取对象

选择"套索"工具，在对象的外围单击并按住鼠标左键，拖曳光标绘制一个套索圈，如图 3-205 所示，释放鼠标左键，对象被选取，效果如图 3-206 所示。

选择"套索"工具，在绘图页面中的对象外围单击并按住鼠标左键，拖曳光标在对象上绘制出一条套索线，绘制的套索线必须经过对象，效果如图 3-207 所示。套索线经过的对象将同时被选中，得到的效果如图 3-208 所示。

图 3-205

图 3-206

图 3-207

图 3-208

5. 使用选择菜单

Illustrator CC 除了提供 5 种选择工具，还提供了一个"选择"菜单，如图 3-209 所示。

"全部"命令：可以将 Illustrator CC 绘图页面上的所有对象同时选取，不包含隐藏和锁定的对象（组合键为 Ctrl+A）。

"现用画板上的全部对象"命令：可以将 Illustrator CC 画板上的所有对象同时选取，不包含隐藏和锁定的对象（组合键为 Alt+Ctrl+A）。

"取消选择"命令：可以取消所有对象的选取状态（组合键为 Shift+Ctrl+A）。

"重新选择"命令：可以重复上一次的选取操作（组合键为 Ctrl+6）。

"反向"命令：可以选取文档中除当前被选中的对象之外的所有对象。

"上方的下一个对象"命令：可以选取当前被选中对象之上的对象。

"下方的下一个对象"命令：可以选取当前被选中对象之下的对象。

"相同"子菜单下包含 11 个命令，即外观命令、外观属性命令、混

全部(A)	Ctrl+A
现用画板上的全部对象(L)	Alt+Ctrl+A
取消选择(D)	Shift+Ctrl+A
重新选择(R)	Ctrl+6
反向(I)	
上方的下一个对象(V)	Alt+Ctrl+]
下方的下一个对象(B)	Alt+Ctrl+[
相同(M)	▶
对象(O)	▶
存储所选对象(S)...	
编辑所选对象(E)...	

图 3-209

合模式命令、填色和描边命令、填充颜色命令、不透明度命令、描边颜色命令、描边粗细命令、图形样式命令、符号实例命令和链接块系列命令。

"对象"子菜单下包含 10 个命令，即同一图层上的所有对象命令、方向手柄命令、没有对齐像素网格、毛刷画笔描边、画笔描边命令、剪切蒙版命令、游离点命令、所有文本对象命令、点状文字对象命令、区域文字对象命令。

"存储所选对象"命令：可以将当前进行的选取操作进行保存。

"编辑所选对象"命令：可以对已经保存的选取操作进行编辑。

3.4.3 对象的比例缩放、移动和镜像

1. 对象的缩放

在 Illustrator CC 中，可以快速而精确地按比例缩放对象，使设计工作变得更轻松。下面介绍对象按比例缩放的方法。

● 使用工具箱中的工具按比例缩放对象

选取要按比例缩放的对象，对象的周围出现控制手柄，如图 3-210 所示。用鼠标拖曳各个控制手柄可以缩放对象。拖曳对角线上的控制手柄缩放对象，如图 3-211 所示。成比例缩放对象的效果如图 3-212 所示。

提示

拖曳对角线上的控制手柄时，按住 Shift 键，对象会成比例缩放。按住 Shift+Alt 组合键，对象会成比例地从对象中心缩放。

图 3-210   图 3-211   图 3-212

选取要成比例缩放的对象，再选择"比例缩放"工具 ，对象的中心出现缩放对象的中心控制点，用鼠标在中心控制点上单击并拖曳可以移动中心控制点的位置，如图 3-213 所示。用鼠标在对象上拖曳可以缩放对象，如图 3-214 所示。成比例缩放对象的效果如图 3-215 所示。

图 3-213   图 3-214   图 3-215

● 使用"变换"控制面板成比例缩放对象

选择"窗口 > 变换"命令（组合键为 Shift+F8），弹出"变换"控制面板，如图 3-216 所示。在控

制面板中，"宽"选项可以设置对象的宽度，"高"选项可以设置对象的高度。改变宽度和高度值，就可以缩放对象。

● 使用菜单命令缩放对象

选择"对象 > 变换 > 缩放"命令，弹出"比例缩放"对话框，如图 3-217 所示。在对话框中，选择"等比"选项可以调节对象成比例缩放，右侧的文本框可以设置对象成比例缩放的百分比数值。选择"不等比"选项可以调节对象不成比例缩放，"水平"选项可以设置对象在水平方向上的缩放百分比，"垂直"选项可以设置对象在垂直方向上的缩放百分比。

图 3-216　　　　　　　　　　　图 3-217

● 使用鼠标右键的弹出式命令缩放对象

在选取的要缩放的对象上单击鼠标右键，弹出快捷菜单，选择"对象 > 变换 > 缩放"命令，也可以对对象进行缩放。

 提 示

拖曳对角线上的控制手柄时，按住 Shift 键，对象会成比例缩放。按住 Shift+Alt 组合键，对象会成比例地从对象中心缩放。

2. 对象的移动

在 Illustrator CC 中，可以快速而精确地移动对象。要移动对象，就要使被移动的对象处于选取状态。

● 使用工具箱中的工具和键盘移动对象

选取要移动的对象，效果如图 3-218 所示。在对象上单击并按住鼠标的左键不放，拖曳光标到需要放置对象的位置，如图 3-219 所示。释放鼠标左键，完成对象的移动操作，效果如图 3-220 所示。

图 3-218　　　　　　　　图 3-219　　　　　　　　图 3-220

选取要移动的对象，用键盘上的"方向"键可以微调对象的位置。

● 使用"变换"控制面板移动对象

选择"窗口 > 变换"命令（组合键为 Shift+F8），弹出"变换"控制面板，如图 3-221 所示。在控制面板中，"X"选项可以设置对象在 x 轴的位置，"Y"选项可以设置对象在 y 轴的位置。改变 x 轴和 y 轴的数值，就可以移动对象。

● 使用菜单命令移动对象

选择"对象 > 变换 > 移动"命令（组合键为 Shift+Ctrl+M），弹出"移动"对话框，如图 3-222 所示。在对话框中，"水平"选项可以设置对象在水平方向上移动的数值；"垂直"选项可以设置对象在垂直方向上移动的数值；"距离"选项可以设置对象移动的距离；"角度"选项可以设置对象移动或旋转的角度；"复制"按钮用于复制出一个移动对象。

图 3-221   图 3-222

3. 对象的镜像

在 Illustrator CC 中，可以快速而精确地进行镜像操作，以使设计和制作工作更加轻松有效。

● 使用工具箱中的工具镜像对象

选取要生成镜像的对象，效果如图 3-223 所示，选择"镜像"工具，用鼠标拖曳对象进行旋转，出现蓝色虚线，效果如图 3-224 所示。这样可以实现图形的旋转变换，也就是对象绕自身中心的镜像变换，镜像后的效果如图 3-225 所示。

用鼠标在绘图页面上任意位置单击，可以确定新的镜像轴标志" "的位置，效果如图 3-226 所示。用鼠标在绘图页面上任意位置再次单击，则单击产生的点与镜像轴标志的连线就作为镜像变换的镜像轴，对象在与镜像轴对称的地方生成镜像，对象的镜像效果如图 3-227 所示。

图 3-223   图 3-224   图 3-225   图 3-226   图 3-227

使用"镜像"工具生成镜像对象的过程中，只能使对象本身产生镜像。要在镜像的位置生成一个对象的复制品，方法很简单，在拖曳鼠标的同时按住 Alt 键即可。"镜像"工具也可以用于旋转对象。

● 　使用"选择"工具 ▶ 镜像对象

使用"选择"工具 ▶ 选取要生成镜像的对象，效果如图 3-228 所示。按住鼠标左键直接拖曳控制手柄到相对的边，直到出现对象的蓝色虚线，如图 3-229 所示。释放鼠标左键就可以得到不规则的镜像对象，效果如图 3-230 所示。

图 3-228　　　　　　　　　　图 3-229　　　　　　　　　　图 3-230

按住 Shift 键，拖曳边角上的控制手柄到相对的边，对象会成比例地沿对角线方向生成镜像。按住 Shift+Alt 组合键，拖曳边角上的控制手柄到相对的边，对象会成比例地从中心生成镜像。

直接拖曳左边或右边中间的控制手柄到相对的边，直到出现对象的蓝色虚线，释放鼠标左键就可以得到原对象的水平镜像。直接拖曳上边或下边中间的控制手柄到相对的边，直到出现对象的蓝色虚线，释放鼠标左键就可以得到原对象的垂直镜像。

● 　使用菜单命令镜像对象

选择"对象 > 变换 > 对称"命令，弹出"镜像"对话框，如图 3-231 所示。在"轴"选项组中，选择"水平"单选项可以垂直镜像对象，选择"垂直"单选项可以水平镜像对象，选择"角度"单选项可以输入镜像角度的数值；在"选项"选项组中，选择"变换对象"选项，镜像的对象不是图案，选择"变换图案"选项，镜像的对象是图案；"复制"按钮用于在原对象上复制一个镜像的对象。

图 3-231

3.4.4　对象的旋转和倾斜变形

1. 对象的旋转

● 　使用工具箱中的工具旋转对象

使用"选择"工具 ▶ 选取要旋转的对象，将光标移动到旋转控制手柄上，这时的指针变为旋转符号" ↻ "，效果如图 3-232 所示。单击鼠标左键，拖动鼠标旋转对象，旋转时对象会出现蓝色虚线，指示旋转方向和角度，效果如图 3-233 所示。旋转到需要的角度后释放鼠标左键，旋转对象的效果如图 3-234 所示。

图 3-232　　　　　　　　图 3-233　　　　　　　　图 3-234

　　选取要旋转的对象，选择"自由变换"工具 ，对象的四周会出现控制柄。用鼠标拖曳控制柄，就可以旋转对象。此工具与"选择"工具 的使用方法类似。

　　选取要旋转的对象，选择"旋转"工具 ，对象的四周出现控制柄。用鼠标拖曳控制柄，就可以旋转对象。对象是围绕旋转中心 ⊙ 来旋转的，Illustrator 默认的旋转中心是对象的中心点。可以通过改变旋转中心来使对象旋转到新的位置，将光标移动到旋转中心上，单击鼠标左键拖曳旋转中心到需要的位置后，拖曳光标，如图 3-235 所示。释放鼠标，改变旋转中心后旋转对象的效果如图 3-236 所示。

图 3-235　　　　　　　　　　　　　图 3-236

　　● 　使用"变换"控制面板旋转对象

　　选择"窗口 > 变换"命令，弹出"变换"控制面板。"变换"控制面板的使用方法和"移动对象"中的使用方法相同，这里不再赘述。

　　● 　使用菜单命令旋转对象

　　选择"对象 > 变换 > 旋转"命令或双击"旋转"工具 ，弹出"旋转"对话框，如图 3-237 所示。在对话框中，"角度"选项可以设置对象旋转的角度；勾选"变换对象"复选项，旋转的对象不是图案；勾选"变换图案"复选项，旋转的对象是图案；"复制"按钮用于在原对象上复制一个旋转对象。

图 3-237

2. 对象的倾斜

　　● 　使用工具箱中的工具倾斜对象

　　选取要倾斜对象，效果如图 3-238 所示。选择"倾斜"工具 ，对象的四周出现控制柄。用鼠标拖曳控制手柄或对象，倾斜时对象会出现蓝色的虚线指示倾斜变形的方向和角度，效果如图 3-239 所示。倾斜到需要的角度后释放鼠标左键，对象的倾斜效果如图 3-240 所示。

图 3-238

图 3-239

图 3-240

● 使用"变换"控制面板倾斜对象

选择"窗口 > 变换"命令,弹出"变换"控制面板。"变换"控制
面板的使用方法和"移动"中的使用方法相同,这里不再赘述。

● 使用菜单命令倾斜对象

选择"对象 > 变换 > 倾斜"命令,弹出"倾斜"对话框,如图 3-241
所示。在对话框中,"倾斜角度"选项可以设置对象倾斜的角度。在"轴"
选项组中,选择"水平"单选项,对象可以水平倾斜;选择"垂直"单
选项,对象可以垂直倾斜;选择"角度"单选项,可以调节倾斜的角度。
"复制"按钮用于在原对象上复制一个倾斜的对象。

3.4.5　对象的扭曲变形

在 Illustrator CC 中,可以使用变形工具组对需要变形的对象进行扭
曲变形,如图 3-242 所示。

图 3-241

1. 使用宽度工具

选择"宽度"工具 ,将光标放到对象中的适当位置,如图 3-243 所示。在
对象上拖曳光标,如图 3-244 所示,就可以对对象的描边宽度进行调整,松开鼠
标,效果如图 3-245 所示。

在宽度点上双击鼠标,弹出"宽度点数编辑"对话框,如图 3-246 所示。在
对话框中"边线 1"和"边线 2"选项分别设置两条边线的宽度,单击右侧的"按
比例宽度调整"按钮 链接两条边线,可同时调整其宽度;"总宽度"选项是两条边线的总宽度;"调整
邻近的宽度点数"选项可以调整邻近两条边线间的宽度点数。

图 3-242

图 3-243　　　　　图 3-244　　　　　图 3-245　　　　　图 3-246

2. 使用变形工具

选择"变形"工具 ,将光标放到对象中的适当位置,如图 3-247 所示。在对象上拖曳光标,如图
3-248 所示,就可以进行扭曲变形操作,效果如图 3-249 所示。

双击"变形"工具 ,弹出"变形工具选项"对话框,如图 3-250 所示。在对话框中的"全局画笔

尺寸"选项组中，"宽度"选项可以设置画笔的宽度，"高度"选项可以设置画笔的高度，"角度"选项可以设置画笔的角度，"强度"选项可以设置画笔的强度。在"变形选项"选项组中，勾选"细节"复选项可以控制变形的细节程度，勾选"简化"复选项可以控制变形的简化程度。勾选"显示画笔大小"复选项，在对对象进行变形时会显示画笔的大小。

图 3-247　　　　　　图 3-248　　　　　　图 3-249　　　　　　图 3-250

3. 使用旋转扭曲工具

选择"旋转扭曲"工具 ，将光标放到对象中的适当位置，如图 3-251 所示。在对象上拖曳光标，如图 3-252 所示，就可以进行扭转变形操作，效果如图 3-253 所示。

双击"旋转扭曲"工具 ，弹出"旋转扭曲工具选项"对话框，如图 3-254 所示。在"旋转扭曲选项"选项组中，"旋转扭曲速率"选项可以控制扭转变形的比例。对话框中其他选项的功能与"变形工具选项"对话框中的选项功能相同。

图 3-251　　　　　　图 3-252　　　　　　图 3-253　　　　　　图 3-254

4. 使用缩拢工具

选择"缩拢"工具 ，将光标放到对象中的适当位置，如图 3-255 所示。在对象上拖曳光标，如图 3-256 所示，就可以进行缩拢变形操作，效果如图 3-257 所示。

双击"缩拢"工具，弹出"收缩工具选项"对话框，如图 3-258 所示。在"收缩选项"选项组中，勾选"细节"复选项可以控制变形的细节程度，勾选"简化"复选项可以控制变形的简化程度。对话框中其他选项的功能与"变形工具选项"对话框中的选项功能相同。

图 3-255　　　　　图 3-256　　　　　图 3-257　　　　　图 3-258

5. 使用膨胀工具

选择"膨胀"工具，将光标放到对象中的适当位置，如图 3-259 所示。在对象上拖曳光标，如图 3-260 所示，就可以进行膨胀变形操作，效果如图 3-261 所示。

双击"膨胀"工具，弹出"膨胀工具选项"对话框，如图 3-262 所示。在"膨胀选项"选项组中，勾选"细节"复选项可以控制变形的细节程度，勾选"简化"复选项可以控制变形的简化程度。对话框中其他选项的功能与"变形工具选项"对话框中的选项功能相同。

图 3-259　　　　　图 3-260　　　　　图 3-261　　　　　图 3-262

6. 使用扇贝工具

选择"扇贝"工具，将光标放到对象中的适当位置，如图 3-263 所示。在对象上拖曳光标，如图 3-264 所示，就可以变形对象，效果如图 3-265 所示。双击"扇贝"工具，弹出"扇贝工具选项"对话框，如图 3-266 所示。

在"扇贝选项"选项组中，"复杂性"选项可以控制变形的复杂性；勾选"细节"复选项可以控制变形的细节程度；勾选"画笔影响锚点"复选项，画笔的大小会影响锚点；勾选"画笔影响内切线手柄"复选项，画笔会影响对象的内切线；勾选"画笔影响外切线手柄"复选项，画笔会影响对象的外切线。对话框中其他选项的功能与"变形工具选项"对话框中的选项功能相同。

图 3-263   图 3-264   图 3-265   图 3-266

7. 使用晶格化工具

选择"晶格化"工具 [图]，将光标放到对象中的适当位置，如图 3-267 所示。在对象上拖曳光标，如图 3-268 所示，就可以变形对象，效果如图 3-269 所示。

双击"晶格化"工具 [图]，弹出"晶格化工具选项"对话框，如图 3-270 所示。对话框中选项的功能与"扇贝工具选项"对话框中的选项功能相同。

图 3-267   图 3-268   图 3-269   图 3-270

8. 使用皱褶工具

选择"皱褶"工具 [图]，将光标放到对象中的适当位置，如图 3-271 所示。在对象上拖曳光标，如图 3-272 所示，就可以进行折皱变形操作，效果如图 3-273 所示。

双击"皱褶"工具 [图]，弹出"皱褶工具选项"对话框，如图 3-274 所示。在"皱褶选项"选项组中，"水平"选项可以控制变形的水平比例，"垂直"选项可以控制变形的垂直比例。对话框中其他选项的功能与"扇贝工具选项"对话框中的选项功能相同。

图 3-271　　　　　　图 3-272　　　　　　图 3-273　　　　　　图 3-274

3.4.6　复制和删除对象

1.　复制对象

在 Illustrator CC 中，可以采取多种方法复制对象。下面介绍对象复制的多种方法。

● 　使用"编辑"菜单命令复制对象

选取要复制的对象，效果如图 3-275 所示。选择"编辑 > 复制"命令（组合键为 Ctrl+C），对象的副本将被放置在剪贴板中。

选择"编辑 > 粘贴"命令（组合键为 Ctrl+V），对象的副本将被粘贴到要复制对象的旁边，复制的效果如图 3-276 所示。

图 3-275　　　　　　　　　　图 3-276

● 　使用鼠标右键弹出式命令复制对象

选取要复制的对象，在对象上单击鼠标右键，弹出快捷菜单，选择"变换 > 移动"命令，弹出"移动"对话框，如图 3-277 所示。单击"复制"按钮，可以在选中的对象上面复制一个对象，效果如图 3-278 所示。

接着在对象上再次单击鼠标右键，弹出快捷菜单，选择"变换 > 再次变换"命令（组合键为 Ctrl+D），对象按"移动"对话框中的设置再次进行复制，效果如图 3-279 所示。

● 　使用拖曳光标的方式复制对象

选取要复制的对象，按住 Alt 键，在对象上拖曳光标，出现对象的蓝色虚线效果，移动到需要的位置，释放鼠标左键，复制出一个选取对象。

也可以在两个不同的绘图页面中复制对象，使用鼠标拖曳其中一个绘图页面中的对象到另一个绘图页面中，释放鼠标左键完成复制。

图 3-277   图 3-278   图 3-279

2. 删除对象

在 Illustrator CC 中，删除对象的方法很简单，下面介绍删除不需要对象的方法。

选中要删除的对象，选择"编辑 > 清除"命令（快捷键为 Delete），就可以将选中的对象删除。如果想删除多个或全部的对象，首先要选取这些对象，再执行"清除"命令。

3.4.7 撤销和恢复对象的操作

在进行设计的过程中，可能会出现错误的操作，下面介绍撤销和恢复对象的操作。

1. 撤销对象的操作

选择"编辑 > 还原"命令（组合键为 Ctrl+Z），可以还原上一次的操作。连续按组合键，可以连续还原原来操作的命令。

2. 恢复对象的操作

选择"编辑 > 重做"命令（组合键为 Shift+Ctrl+Z），可以恢复上一次的操作。如果连续按两次组合键，即恢复两步操作。

3.4.8 对象的剪切

选中要剪切的对象，选择"编辑 > 剪切"命令（组合键为 Ctrl+X），对象将从页面中删除并被放置在剪贴板中。

3.4.9 使用"路径查找器"控制面板编辑对象

在 Illustrator CC 中编辑图形时，"路径查找器"控制面板是最常用的工具之一。它包含了一组功能强大的路径编辑命令。使用"路径查找器"控制面板可以将许多简单的路径经过特定的运算之后形成各种复杂的路径。

选择"窗口 > 路径查找器"命令（组合键为 Shift+Ctrl+F9），弹出"路径查找器"控制面板，如图 3-280 所示。

图 3-280

1．认识"路径查找器"控制面板的按钮

在"路径查找器"控制面板的"形状模式"选项组中有 5 个按钮，从左至右分别是"联集"按钮 、"减去顶层"按钮 、"交集"按钮 、"差集"按钮 和"扩展"按钮。前 4 个按钮可以通过不同的组合方式在多个图形间制作出对应的复合图形，而"扩展"按钮则可以把复合图形转变为复合路径。

在"路径查找器"选项组中有 6 个按钮，从左至右分别是"分割"按钮 、"修边"按钮 、"合并"按钮 、"裁剪"按钮 、"轮廓"按钮 和"减去后方对象"按钮 。这组按钮主要是把对象分解成各个独立的部分，或删除对象中不需要的部分。

2．使用"路径查找器"控制面板

● "联集"按钮

在绘图页面中绘制两个图形对象，如图 3-281 所示。选中两个对象，如图 3-282 所示。单击"联集"按钮 ，从而生成新的对象，取消选取状态后的效果如图 3-283 所示。新对象的填充和描边属性与位于顶部的对象的填充和描边属性相同。

图 3-281　　　　　　　　图 3-282　　　　　　　　图 3-283

● "减去顶层"按钮

在绘图页面中绘制两个图形对象，如图 3-284 所示。选中这两个对象，如图 3-285 所示。单击"减去顶层"按钮 ，从而生成新的对象，取消选取状态后的效果如图 3-286 所示。"与形状区域相减"命令可以在最下层对象的基础上，将被上层的对象挡住的部分和上层的所有对象同时删除，只剩下最下层对象的剩余部分。

图 3-284　　　　　　　　图 3-285　　　　　　　　图 3-286

● "交集"按钮

在绘图页面中绘制两个图形对象，如图 3-287 所示。选中这两个对象，如图 3-288 所示。单击"交集"按钮 ，从而生成新的对象，取消选取状态后的效果如图 3-289 所示。"与形状区域相交"命令可以将图形没有重叠的部分删除，而仅仅保留重叠部分。所生成的新对象的填充和描边属性与位于顶部的对象的填充和描边属性相同。

图 3-287　　　　　　　　图 3-288　　　　　　　　图 3-289

● "差集"按钮 ⊡

在绘图页面中绘制两个图形对象，如图 3-290 所示。选中这两个对象，如图 3-291 所示。单击"差集"按钮 ⊡，从而生成新的对象，取消选取状态后的效果如图 3-292 所示。"排除重叠形状区域"命令可以删除对象间重叠的部分。所生成的新对象的填充和描边属性与位于顶部的对象的填充和描边属性相同。

| 图 3-290 | 图 3-291 | 图 3-292 |

● "分割"按钮 ⊡

在绘图页面中绘制两个图形对象，如图 3-293 所示。选中这两个对象，如图 3-294 所示。单击"分割"按钮 ⊡，从而生成新的对象，取消编组并分别移动图像，取消选取状态后效果如图 3-295 所示。"分割"命令可以分离相互重叠的图形，而得到多个独立的对象。所生成的新对象的填充和描边属性与位于顶部的对象的填充和描边属性相同。

| 图 3-293 | 图 3-294 | 图 3-295 |

● "修边"按钮 ⊡

在绘图页面中绘制两个图形对象，如图 3-296 所示。选中这两个对象，如图 3-297 所示。单击"修边"按钮 ⊡，从而生成新的对象，取消编组并分别移动图像，取消选取状态后的效果如图 3-298 所示。"修边"命令对于每个单独的对象而言，均被裁减分成包含有重叠区域的部分和重叠区域之外的部分，新生成的对象保持原来的填充属性。

| 图 3-296 | 图 3-297 | 图 3-298 |

● "合并"按钮 ⊡

在绘图页面中绘制两个图形对象，如图 3-299 所示。选中这两个对象，如图 3-300 所示。单击"合并"按钮 ⊡，从而生成新的对象，取消编组并分别移动图像，取消选取状态后的效果如图 3-301 所示。如果对象的填充和描边属性都相同，"合并"命令将把所有的对象组成一个整体后合为一个对象，但对象的描边色将变为没有；如果对象的填充和描边属性都不相同，则合并命令就相当于"裁剪"按钮 ⊡ 的功能。

图 3-299 　　　　　　　　　　图 3-300 　　　　　　　　　　图 3-301

- "裁剪"按钮

在绘图页面中绘制两个图形对象，如图 3-302 所示。选中这两个对象，如图 3-303 所示。单击"裁剪"按钮，从而生成新的对象，取消选取状态后的效果如图 3-304 所示。"裁剪"命令的工作原理和蒙版相似。对重叠的图形来说，"裁剪"命令可以把所有放在最前面对象之外的图形部分裁剪掉，同时最前面的对象本身将消失。

图 3-302 　　　　　　　　　　图 3-303 　　　　　　　　　　图 3-304

- "轮廓"按钮

在绘图页面中绘制两个图形对象，如图 3-305 所示。选中这两个对象，如图 3-306 所示。单击"轮廓"按钮，从而生成新的对象，取消选取状态后的效果如图 3-307 所示。"轮廓"命令勾勒出所有对象的轮廓。

图 3-305 　　　　　　　　　　图 3-306 　　　　　　　　　　图 3-307

- "减去后方对象"按钮

在绘图页面中绘制两个图形对象，如图 3-308 所示。选中这两个对象，如图 3-309 所示。单击"减去后方对象"按钮，从而生成新的对象，取消选取状态后的效果如图 3-310 所示。"减去后方对象"命令可以使位于最底层的对象裁减去位于该对象之上的所有对象。

图 3-308 　　　　　　　　　　图 3-309 　　　　　　　　　　图 3-310

3.5 课堂练习——绘制创意铅笔

⊕ 练习知识要点

使用矩形工具绘制矩形。使用圆角矩形工具、矩形工具和镜像命令制作铅笔图形。使用新建画笔命令定义画笔。使用文字工具添加标题文字。效果如图 3-311 所示。

⊕ 效果所在位置

资源包/Ch03/效果/绘制创意铅笔.ai。

图 3-311

绘制创意铅笔

3.6 课后习题——绘制卡通小鲸鱼

⊕ 习题知识要点

使用钢笔工具和椭圆工具绘制动物图形。使用缩放命令复制并调整动物图形。效果如图 3-312 所示。

⊕ 效果所在位置

资源包/Ch03/效果/绘制卡通小鲸鱼.ai。

图 3-312

绘制卡通小鲸鱼

第 4 章
路径的绘制和编辑

本章讲解 Illustrator CC 中路径的相关知识和钢笔工具的使用方法，以及运用各种方法对路径进行绘制和编辑。通过对本章的学习，读者可以运用强大的路径工具绘制出需要的自由曲线及图形。

课堂学习目标

- 了解路径和锚点的相关知识

- 熟练掌握使用钢笔工具的技巧

- 熟练掌握编辑路径的方法和技巧

4.1 认识路径和锚点

路径是使用绘图工具创建的直线、曲线或几何形状对象，是组成所有线条和图形的基本元素。Illustrator CC 提供了多种绘制路径的工具，如钢笔工具、画笔工具、铅笔工具、矩形工具和多边形工具等。路径可以由一个或多个路径组成，即由锚点连接起来的一条或多条线段组成。路径本身没有宽度和颜色，当对路径填加了描边后，路径才跟随描边的宽度和颜色具有了相应的属性。选择"图形样式"控制面板，可以为路径更改不同的样式。

4.1.1 路径

1. 路径的类型

为了满足绘图的需要，Illustrator CC 中的路径又分为开放路径、闭合路径和复合路径 3 种类型。

开放路径的两个端点没有连接在一起，如图 4-1 所示。在对开放路径进行填充时，Illustrator CC 会假定路径两端已经连接起来形成了闭合路径而对其进行填充。

闭合路径没有起点和终点，是一条连续的路径。可对其进行内部填充或描边填充，如图 4-2 所示。

复合路径是将几个开放或闭合路径进行组合而形成的路径，如图 4-3 所示。

图 4-1　　　　　　　图 4-2　　　　　　　图 4-3

2. 路径的组成

路径由锚点和线段组成，可以通过调整路径上的锚点或线段来改变它的形状。在曲线路径上，每一个锚点有一条或两条控制线，在曲线中间的锚点有两条控制线，在曲线端点的锚点有一条控制线。控制线总是与曲线上锚点所在的圆相切，控制线呈现的角度和长度决定了曲线的形状。控制线的端点称为控制点，可以通过调整控制点来对整个曲线进行调整，如图 4-4 所示。

图 4-4

4.1.2 锚点

1. 锚点的基本概念

锚点是构成直线或曲线的基本元素。在路径上可任意添加和删除锚点。通过调整锚点可以调整路径的形状，也可以通过锚点的转换来进行直线与曲线之间的转换。

2. 锚点的类型

Illustrator CC 中的锚点分为平滑点和角点两种类型。

（1）平滑点是两条平滑曲线连接处的锚点。平滑点可以使两条线段连接成一条平滑的曲线，平滑点使路径不会突然改变方向。每一个平滑点有两条相对应的控制线，如图 4-5 所示。

（2）角点所处的地点，路径形状会急剧改变。角点可分为 3 种类型。

- 直线角点：两条直线以一个很明显的角度形成的交点。这种锚点没有控制线，如图 4-6 所示。

图 4-5   图 4-6

- 曲线角点：两条方向各异的曲线相交的点。这种锚点有两条控制线，如图 4-7 所示。
- 复合角点：一条直线和一条曲线的交点。这种锚点有一条控制线，如图 4-8 所示。

图 4-7   图 4-8

4.2 使用钢笔工具

Illustrator CC 中的钢笔工具是一个非常重要的工具。使用钢笔工具可以绘制直线、曲线和任意形状的路径，可以对线段进行精确的调整，使其更加完美。

4.2.1 课堂案例——绘制花鸟市场标志

⊕ 案例学习目标

学习使用路径查找器面板绘制花鸟市场标志。

⊕ 案例知识要点

使用钢笔工具和路径查找器面板绘制装饰图形。使用文字工具添加文字。花鸟市场标志效果如图 4-9 所示。

⊕ 效果所在位置

资源包/Ch04/效果/绘制花鸟市场标志.ai。

图 4-9

绘制花鸟市场标志

STEP 1 按 Ctrl+N 组合键，新建一个文档，宽度为 60mm，高度为 60mm，取向为竖向，颜色模式为 CMYK，单击"确定"按钮。

STEP 2 选择"钢笔"工具，在适当的位置绘制不规则图形，设置图形填充色的 C、M、Y、K 值分别为 73、72、78、45，填充图形，并设置描边色为无，效果如图 4-10 所示。用相同的方法绘制其他图形，并填充适当颜色，效果如图 4-11 所示。

图 4-10   图 4-11

STEP 3 选择"选择"工具，将两个图形同时选取，选择"窗口 > 路径查找器"命令，弹出"路径查找器"面板，单击"减去顶层"按钮，如图 4-12 所示。将两图形相减成一个图形，如图 4-13 所示。

图 4-12   图 4-13

STEP 4 按 Ctrl+O 组合键，打开资源包中的"Ch04 > 素材 > 制作花鸟市场标志 > 01"文件，按 Ctrl+A 组合键，全选图形，按 Ctrl+C 组合键，复制图形，返回到正在编辑的页面，按 Ctrl+V 组合键，粘贴复制的图形，选择"选择"工具，拖曳到适当的位置，并设置描边色为无，效果如图 4-14 所示。

STEP 5 选择"文字"工具，在页面中适当的位置输入需要的文字，选择"选择"工具，在属性栏中选择合适的字体并设置适当的文字大小，设置文字填充色的 C、M、Y、K 值分别为 18、0、7、0，填充文字，效果如图 4-15 所示。

Flower Bird market

图 4-14   图 4-15

STEP 6 选择"文字"工具，选取需要的文字，如图 4-16 所示。设置文字填充色的 C、M、

Y、K 值分别为 4、24、89、0，填充文字，效果如图 4-17 所示。用相同的方法调整其他文字颜色，效果
如图 4-18 所示。花鸟市场标志绘制完成，效果如图 4-19 所示。

图 4-16　　　　　　　　　　　　　　　　　　　图 4-17

图 4-18　　　　　　　　　　　　　　　　　　　图 4-19

4.2.2　绘制直线

选择"钢笔"工具 ，在页面中单击鼠标确定直线的起点，如图 4-20 所示。移动鼠标到需要的位置，
再次单击鼠标确定直线的终点，如图 4-21 所示。

在需要的位置再连续单击确定其他的锚点，就可以绘制出折线的效果，如图 4-22 所示。如果单击折
线上的锚点，该锚点会被删除，折线的另外两个锚点将自动连接，如图 4-23 所示。

图 4-20　　　　　　　图 4-21　　　　　　　图 4-22　　　　　　　图 4-23

4.2.3　绘制曲线

选择"钢笔"工具 ，在页面中单击并按住鼠标左键拖曳光标来确定曲线的起点。起点的两端分别出
现了一条控制线，释放鼠标，如图 4-24 所示。

移动光标到需要的位置，再次单击并按住鼠标左键进行拖曳，出现了一条曲线段。拖曳光标的同时，
第二个锚点两端也出现了控制线。按住鼠标不放，随着光标的移动，曲线段的形状也随之发生变化，如图
4-25 所示。释放鼠标，移动光标继续绘制。

如果连续地单击并拖曳鼠标，可以绘制出一些连续平滑的曲线，如图 4-26 所示。

图 4-24　　　　　　　图 4-25　　　　　　　图 4-26

4.2.4　绘制复合路径

钢笔工具不但可以绘制单纯的直线或曲线，还可以绘制既包含直线又包含曲线的复合路径。

复合路径是指由两个或两个以上的开放或封闭路径所组成的路径。在复合路径中，路径间重叠在一起的公共区域被镂空，呈透明的状态，如图 4-27 和图 4-28 所示。

图 4-27　　　　　　　　　　图 4-28

1．制作复合路径

● 　使用命令制作复合路径

绘制两个图形，并选中这两个图形对象，效果如图 4-29 所示。选择"对象 > 复合路径 > 建立"命令（组合键为 Ctrl+8），可以看到两个对象成为复合路径后的效果，如图 4-30 所示。

图 4-29　　　　　　　　　　图 4-30

● 　使用弹出式菜单制作复合路径

绘制两个图形，并选中这两个图形对象，用鼠标右键单击选中的对象，在弹出的菜单中选择"建立复合路径"命令，两个对象成为复合路径

2．复合路径与编组的区别

虽然使用"编组选择"工具 也能将组成复合路径的各个路径单独选中，但复合路径和编组是有区别的。编组是一组组合在一起的对象，其中的每个对象都是独立的，各个对象可以有不同的外观属性；而所有包含在复合路径中的路径都被认为是一条路经，整个复合路径中只能有一种填充和描边属性。复合路径与编组的差别如图 4-31 和图 4-32 所示。

图 4-31　　　　　　　　　　图 4-32

3. 释放复合路径

● 　使用命令释放复合路径

选中复合路径，选择"对象 > 复合路径 > 释放"命令（组合键为 Alt +Shift+Ctrl+8），可以释放复合路径。

● 　使用弹出式菜单释放复合路径

选中复合路径，在绘图页面上单击鼠标右键，在弹出的菜单中选择"释放复合路径"命令，可以释放复合路径。

4.3　编辑路径

Illustrator CC 的工具箱中包括了很多路径编辑工具，可以应用这些工具对路径进行变形、转换和剪切等编辑操作。

4.3.1　添加、删除、转换锚点

用鼠标按住"钢笔"工具不放，将展开钢笔工具组，如图 4-33 所示。

图 4-33

1. 添加锚点

绘制一段路径，如图 4-34 所示。选择"添加锚点"工具，在路径上面的任意位置单击，路径上就会增加一个新的锚点，如图 4-35 所示。

图 4-34　　　　　　　　　　　　　　　图 4-35

2. 删除锚点

绘制一段路径，如图 4-36 所示。选择"删除锚点"工具，在路径上面的任意一个锚点上单击，该锚点就会被删除，如图 4-37 所示。

图 4-36　　　　　　　　　　　　　　　图 4-37

3. 转换锚点

绘制一段闭合的椭圆形路径，如图 4-38 所示。选择"转换锚点"工具 ⃔，单击路径上的锚点，锚点就会被转换，如图 4-39 所示。拖曳锚点可以编辑路径的形状，效果如图 4-40 所示。

图 4-38   图 4-39   图 4-40

4.3.2 使用剪刀、刻刀工具

1. 剪刀工具

绘制一段路径，如图 4-41 所示。选择"剪刀"工具 ✂，单击路径上任意一点，路径就会从单击的地方被剪切为两条路径，如图 4-42 所示。按键盘上"方向"键中的"向下"键，移动剪切的锚点，即可看见剪切后的效果，如图 4-43 所示。

图 4-41   图 4-42   图 4-43

2. 刻刀工具

绘制一段闭合路径，如图 4-44 所示。选择"刻刀"工具 ⟋，在需要的位置单击并按住鼠标左键从路径的上方至下方拖曳出一条线，如图 4-45 所示。释放鼠标左键，闭合路径被裁切为两个闭合路径，效果如图 4-46 所示。选择"选择"工具 ▸，选中路径的右半部，按键盘上的"方向"键中的"向右"键，移动路径，如图 4-47 所示。可以看见路径被裁切为两部分，效果如图 4-48 所示。

图 4-44   图 4-45   图 4-46   图 4-47   图 4-48

4.4 使用路径命令

在 Illustrator CC 中，除了能够使用工具箱中的各种编辑工具对路径进行编辑外，还可以应用路径菜单中的命令对路径进行编辑。选择"对象 > 路径"子菜单，其中包括 10 个编辑命令："连接"命令、"平均"命令、"轮廓化描边"命令、"偏移路径"命令、"简化"命令、"添加锚点"命令、"移去描点"命令、"分割下方对象"命令、"分割为网格"命令和"清理"命令，如图 4-49 所示。

图 4-49

4.4.1　课堂案例——绘制房地产 LOGO

案例学习目标

学习使用添加锚点和轮廓化描边命令绘制房地产 LOGO。

案例知识要点

使用钢笔工具绘制路径。使用文字工具输入文字。使用轮廓化描边命令将直线轮廓化。效果如图 4-50 所示。

效果所在位置

资源包/Ch04/效果/绘制房地产 LOGO.ai。

图 4-50

绘制房地产 LOGO

STEP 1 按 Ctrl+N 组合键，新建一个文档，宽度为 100mm，高度为 100mm，取向为竖向，颜色模式为 CMYK，单击"确定"按钮。

STEP 2 选择"矩形"工具，在适当的位置绘制矩形，设置图形填充色的 C、M、Y、K 值分别为 10、19、34、0，填充图形，并设置描边色为无，效果如图 4-51 所示。用相同方法绘制其他矩形，并填充适当的填充色，效果如图 4-52 所示。

STEP 3 选择"直接选择"工具，选取需要的锚点，向下拖曳到适当的位置，效果如图 4-53 所示。用相同的方法拖曳其他锚点到适当的位置，效果如图 4-54 所示。

STEP 4 选择"矩形"工具，在适当的位置绘制矩形，设置图形填充色为黑色，填充图形，并设置描边色为无，效果如图 4-55 所示。

STEP 5 选择"添加锚点"工具，在适当的位置单击鼠标，添加锚点，如图 4-56 所示。选择"直接选择"工具，选取需要的锚点，向上拖曳到适当的位置，效果如图 4-57 所示。用相同的方法添加其他锚点，并调整到适当的位置，效果如图 4-58 所示。

| 图 4-51 | 图 4-52 | 图 4-53 | 图 4-54 |

图 4-55   图 4-56   图 4-57   图 4-58

STEP 6 选择"直接选择"工具，选取需要的节点，向下拖曳到适当的位置，效果如图 4-59 所示。选择"直线段"工具，在适当的位置绘制直线，设置描边色为黑色，在属性栏中将"描边粗细"选项设置为 0.75pt，如图 4-60 所示。

STEP 7 选择"对象 > 路径 > 轮廓化描边"命令，将直线轮廓化，效果如图 4-61 所示。选择"选择"工具，按住 Alt 键的同时，将其向右拖曳到适当位置，复制图形，如图 4-62 所示。按 Ctrl+D 组合键多次，复制多条直线，如图 4-63 所示。

图 4-59   图 4-60   图 4-61   图 4-62   图 4-63

STEP 8 选择"钢笔"工具，在适当的位置绘制不规则图形，设置图形填充色为黑色，填充图形，并设置描边色为无，效果如图 4-64 所示。选择"选择"工具，选取需要的图形，如图 4-65 所示。在"路径查找器"面板中单击"联集"按钮，如图 4-66 所示。将多个图形合并成一个图形，如图 4-67 所示。

图 4-64　　　　　　　　　　　　　　　　　图 4-65

图 4-66　　　　　　　　　　　　　　　　　图 4-67

STEP╱ 9 选择 "文字" 工具 T，在页面中适当的位置输入需要的文字，选择 "选择" 工具，在属性栏中选择合适的字体并设置适当的文字大小，设置文字填充色为黑色，填充文字，效果如图 4-68 所示。用相同方法添加其他文字，效果如图 4-69 所示。房地产 LOGO 绘制完成。

图 4-68　　　　　　　　　　　　　　图 4-69

4.4.2　使用 "连接" 命令

"连接" 命令可以将开放路径的两个端点用一条直线段连接起来，从而形成新的路径。如果连接的两个端点在同一条路径上，将形成一条新的闭合路径；如果连接的两个端点在不同的开放路径上，将形成一条新的开放路径。

选择 "直接选择" 工具，用圈选的方法选择要进行连接的两个端点，如图 4-70 所示。选择 "对象 > 路径 > 连接" 命令 (组合键为 Ctrl+J)，两个端点之间出现一条直线段，把开放路径连接起来，效果如图 4-71 所示。

图 4-70　　　　　　　　　　图 4-71

如果在两条路径间进行连接，这两条路径必须属于同一个组。文本路径中的终止点不能连接。

4.4.3 使用"平均"命令

"平均"命令可以将路径上的所有点按一定的方式平均分布，可以制作出对称的图案。

选择"直接选择"工具 ，选择要平均分布处理的锚点，如图4-72所示。选择"对象 > 路径 > 平均"命令（组合键为 Ctrl+Alt+J），弹出"平均"对话框，对话框中包括3个选项，如图4-73所示。"水平"单选项可以将选定的锚点按水平方向进行平均分布处理。在"平均"对话框中，选择"水平"单选项，单击"确定"按钮，选中的锚点将在水平方向进行对齐，效果如图 4-74 所示。"垂直"单选项可以将选定的锚点按垂直方向进行平均分布处理。图 4-75 所示为选择"垂直"单选项，单击"确定"按钮后选中的锚点的效果。"两者兼有"单选项可以将选定的锚点按水平和垂直两种方向进行平均分布处理。图 4-76 所示为选择"两者兼有"单选项，单击"确定"按钮后选中的锚点效果。

图 4-72   图 4-73   图 4-74   图 4-75   图 4-76

4.4.4 使用"轮廓化描边"命令

"轮廓化描边"命令可以在已有描边的两侧创建新的路径。可以理解为新路径由两条路径组成，这两条路径分别是原来对象描边两侧的边缘。不论对开放路径还是对闭合路径，使用"轮廓化描边"命令，得到的都将是闭合路径。在 Illustrator CC 中，渐变命令不能应用在对象的描边上，但应用"轮廓化描边"命令制作出新图形后，渐变命令就可以应用在原来对象的描边上。

使用"铅笔"工具 绘制出一条路径。选中路径对象，如图4-77所示。选择"对象 > 路径 > 轮廓化描边"命令，创建对象的描边轮廓，效果如图 4-78 所示。应用渐变命令为描边轮廓填充渐变色，效果如图 4-79 所示。

图 4-77   图 4-78   图 4-79

4.4.5 使用"偏移路径"命令

"偏移路径"命令可以围绕着已有路径的外部或内部勾画一条新的路径，新路径与原路径之间偏移的距离可以按需要设置。

选中要偏移的对象，如图 4-80 所示。选择"对象 > 路径 > 偏移路径"命令，弹出"偏移路径"对话框，如图 4-81 所示。"位移"选项用来设置偏移的距离，设置的数值为正，新路径在原始路径的外部；设置的数值为负，新路径在原始路径的内部。"连接"选项可以设置新路径拐角上不同的连接方式。"斜接限制"选项会影响到连接区域的大小。

图 4-80   图 4-81

设置"位移"选项中的数值为正时，偏移效果如图 4-82 所示。设置"位移"选项中的数值为负时，偏移效果如图 4-83 所示。

图 4-82   图 4-83

4.4.6 使用"简化"命令

"简化"命令可以在尽量不改变图形原始形状的基础上删去多余的锚点来简化路径，为修改和编辑路径提供了方便。

导入图像，选中这幅图像，可以看见图像上存在着大量的锚点，效果如图 4-84 所示。选择"对象 > 路径 > 简化"命令，弹出"简化"对话框，如图 4-85 所示。在对话框中，"曲线精度"选项可以设置路径简化的精度。"角度阈值"选项用来处理尖锐的角点。勾选"直线"复选项，将在每对锚点间绘制一条直线。勾选"显示原路径"复选项，在预览简化后的效果时，将显示出原始路径以做对比。单击"确定"按钮，进行简化后的路径与原始图像相比，外观更加平滑，路径上的锚点数目也减少了，效果如图 4-86 所示。

图 4-84   图 4-85   图 4-86

4.4.7 使用"添加锚点"命令

"添加锚点"命令可以给选定的路径增加锚点，执行一次该命令可以在两个相邻的锚点中间添加一个锚点。重复该命令，可以添加上更多的锚点。

选中要添加锚点的对象，如图 4-87 所示。选择"对象 > 路径 > 添加锚点"命令，添加锚点后的效果如图 4-88 所示。重复多次"添加锚点"命令，得到的效果如图 4-89 所示。

图 4-87　　　　　　　　　　图 4-88　　　　　　　　　　图 4-89

4.4.8 使用"分割下方对象"命令

"分割下方对象"命令可以使用已有的路径切割位于它下方的封闭路径。

● 　用开放路径分割对象

选择一个对象作为被切割对象，如图 4-90 所示。制作一个开放路径作为切割对象，将其放在被切割对象之上，如图 4-91 所示。选择"对象 > 路径 > 分割下方对象"命令，切割后，移动对象得到新的切割后的对象，效果如图 4-92 所示。

图 4-90　　　　　　　　　　图 4-91　　　　　　　　　　图 4-92

● 　用闭合路径分割对象

选择一个对象作为被切割对象，如图 4-93 所示。制作一个闭合路径作为切割对象，将其放在被切割对象之上，如图 4-94 所示。选择"对象 > 路径 > 分割下方对象"命令。切割后，移动对象得到新的切割后的对象，效果如图 4-95 所示。

图 4-93　　　　　　　　　　图 4-94　　　　　　　　　　图 4-95

4.4.9 使用"分割为网格"命令

选择一个对象，如图 4-96 所示。选择"对象 > 路径 > 分割为网格"命令，弹出"分割为网格"对话框，如图 4-97 所示。在对话框的"行"选项组中，"数量"选项可以设置对象的行数，"高度"选项设置每个矩形图形的高度，"栏间距"选项设置矩形图形之间的行间距，"总计"选项设置所有矩形组的高度；"列"选项组中，"数量"选项可以设置对象的列数，"宽度"选项设置矩形的宽度，"间距"选项设置矩形图形之间的列间距，"总计"选项设置矩形图形组的宽度。单击"确定"按钮，效果如图 4-98所示。

图 4-96　　　　　　　　　　　图 4-97　　　　　　　　　　　图 4-98

4.4.10　使用"清理"命令

"清理"命令可以为当前的文档删除 3 种多余的对象：游离点、未上色对象和空文本路径。

选择"对象 > 路径 > 清理"命令，弹出"清理"对话框，如图 4-99 所示。在对话框中，勾选"游离点"复选项，可以删除所有的游离点。游离点是一些有路径属性并且不能打印的点，使用钢笔工具有时会导致游离点的产生。勾选"未上色对象"复选项，可以删除所有没有填充色和笔画色的对象，但不能删除蒙版对象。勾选"空文本路径"复选项，可以删除所有没有字符的文本路径。

设置完成后，单击"确定"按钮，系统将会自动清理当前文档。如果文档中没有上述类型的对象，就会弹出一个提示对话框，提示当前文档不需清理，如图 4-100 所示。

图 4-99　　　　　　　　　　　图 4-100

4.5　课堂练习——绘制卡通猪

练习知识要点

使用钢笔工具、椭圆工具和圆角矩形工具绘制帽子、头、眼睛、耳朵、鼻子和腿图形。使用画笔面板为图形添加描边。效果如图 4-101 所示。

效果所在位置

资源包/Ch04/效果/绘制卡通猪.ai。

绘制卡通猪

图 4-101

4.6 课后习题——绘制时尚插画

⊕ 习题知识要点

　　使用矩形工具和星形工具绘制背景图形。使用钢笔工具绘制人物和云彩图形。使用钢笔工具和旋转工具绘制装饰花形。使用文字工具添加宣传文字。效果如图 4-102 所示。

⊕ 效果所在位置

　　资源包/Ch04/效果/绘制时尚插画.ai。

绘制时尚插画

图 4-102

第 5 章
图形对象的组织

Illustrator CC 功能包括对象的对齐与分布、前后顺序、编组、锁定与隐藏对象等许多特性。这些特性对组织图形对象而言是非常有用的。本章主要讲解对象的排列、编组及控制对象等内容。通过学习本章的内容可以高效、快速地对齐、分布、组合和控制多个对象，使对象在页面中更加有序，使工作更加得心应手。

课堂学习目标

- 掌握对象的对齐与分布的操作方法
- 掌握对象与图层的顺序
- 熟练掌握编组和控制对象的技巧

5.1 对象的对齐和分布

应用"对齐"控制面板可以快速有效地对齐或分布多个图形。选择"窗口 > 对齐"命令，弹出"对齐"控制面板，如图 5-1 所示。单击控制面板右上方的图标，在弹出的菜单中选择"显示选项"命令，弹出"分布间距"选项组，如图 5-2 所示。

图 5-1　　　　　　　　　　　　　　图 5-2

5.1.1　课堂案例——制作游戏界面

案例学习目标

学习使用路径查找器和对齐面板命令制作游戏界面海报。

案例知识要点

使用渐变工具、钢笔工具、变换工具、文字工具和路径查找器命令绘制图形。使用对齐面板命令对齐图形。效果如图 5-3 所示。

效果所在位置

资源包/Ch05/效果/制作游戏界面.ai。

图 5-3

制作游戏界面

STEP 1 按 Ctrl+N 组合键，新建一个文档，宽度为 297mm，高度为 210mm，取向为竖向，颜色模式为 CMYK，单击"确定"按钮。

STEP 2 选择"矩形"工具，在适当的位置绘制矩形，如图 5-4 所示。双击"渐变"工具，弹出"渐变"控制面板，在色带上设置 3 个渐变滑块，分别将渐变滑块的位置设为 0、55、100，并设置 C、M、Y、K 的值分别为 0（89、63、0、0）、55（65、3、0、0）、100（89、63、0、0）；其他选项的设置如图 5-5 所示。图形被填充为渐变色，并设置描边色为无，效果如图 5-6 所示。

图 5-4　　　　　　　　　　图 5-5　　　　　　　　　　图 5-6

STEP 3 选择"钢笔"工具，在适当的位置绘制不规则图形，设置图形填充色为白色，填充图形，并设置描边色为无，效果如图 5-7 所示。选择"对象 > 变换 > 对称"命令，在弹出的"镜像"对话框中进行设置，如图 5-8 所示。单击"复制"按钮，效果如图 5-9 所示。拖曳复制的图形到适当的位置，如图 5-10 所示。

图 5-7　　　　　　　　　　图 5-8　　　　　　　　　　图 5-9　　　　　　　　　　图 5-10

STEP 4 选择"文字"工具，在页面中适当的位置输入需要的文字，选择"选择"工具，在属性栏中选择合适的字体并设置适当的文字大小，设置文字填充色为白色，填充文字，效果如图 5-11 所示。

STEP 5 选择"钢笔"工具，在适当的位置绘制不规则图形，设置图形填充色为白色，填充图形，并设置描边色为无，效果如图 5-12 所示。选择"对象 > 变换 > 缩放"命令，在弹出的"比例缩放"对话框中进行设置，如图 5-13 所示。单击"复制"按钮，效果如图 5-14 所示。

图 5-11　　　　　　　　　　图 5-12　　　　　　　　　　图 5-13　　　　　　　　　　图 5-14

STEP 6 选择"选择"工具 ，选取需要的图形，如图 5-15 所示。选择"窗口 > 路径查找器"命令，弹出"路径查找器"控制面板，单击"减去顶层"按钮 ，如图 5-16 所示。生成新的对象，效果如图 5-17 所示。

图 5-15 图 5-16 图 5-17

STEP 7 选择"钢笔"工具 ，在适当的位置绘制不规则图形，如图 5-18 所示。用相同的方法绘制其他图形，如图 5-19 所示。选择"矩形"工具 ，在适当的位置绘制矩形，如图 5-20 所示。

图 5-18 图 5-19 图 5-20

STEP 8 选择"选择"工具 ，选取需要的图形，如图 5-21 所示。选择"窗口 > 路径查找器"命令，弹出"路径查找器"控制面板，单击"减去顶层"按钮 ，如图 5-22 所示。生成新的对象，效果如图 5-23 所示。选择"选择"工具 ，拖曳图形到适当的位置，设置图形填充色为白色，填充图形，并设置描边色为无，效果如图 5-24 所示。

图 5-21 图 5-22 图 5-23 图 5-24

STEP 9 选择"选择"工具 ，将需要的图形同时选取，按 Ctrl+G 组合键，将其编组，效果如图 5-25 所示。按住 Alt 键的同时，向右拖曳图形到适当的位置，复制图形，如图 5-26 所示。用相同方法复制出其他图形，效果如图 5-27 所示。

图 5-25 图 5-26

STEP 10 选择"选择"工具 ↖，将需要的图形同时选取，选择"窗口 > 对齐"命令，弹出"对齐"面板，单击"顶对齐"按钮 和"水平居中分布"按钮，对齐图形，按 Ctrl+G 组合键，将其编组，效果如图 5-28 所示。

图 5-27　　　　　　　　　　　　　　　　　　图 5-28

STEP 11 选择"选择"工具 ↖，按住 Alt 键的同时，向下拖曳图形到适当的位置，复制图形，如图 5-29 所示。用相同方法复制出其他图形，效果如图 5-30 所示。单击"对齐"面板中"左对齐"按钮 和"垂直居中分布"按钮，对齐图形，按 Ctrl+G 组合键，将其编组，效果如图 5-31 所示。

图 5-29　　　　　　　图 5-30　　　　　　　图 5-31

STEP 12 选择"选择"工具 ↖，选取需要的图形，按 Ctrl+Shift+G 组合键，取消图形的编组。选取下方的图形，按 Delete 键，将其删除，效果如图 5-32 所示。用相同方法删除其他图形，效果如图 5-33 所示。

STEP 13 选择"选择"工具 ↖，选取需要的图形，设置图形填充色的 C、M、Y、K 值分别为 7、9、86、0，填充图形，效果如图 5-34 所示。

图 5-32　　　　　　　图 5-33　　　　　　　图 5-34

STEP 14 选择"文字"工具 T，在页面中适当的位置输入需要的文字，选择"选择"工具 ↖，在属性栏中选择合适的字体并设置适当的文字大小，设置文字填充色的 C、M、Y、K 值分别为 7、9、86、0，填充文字，效果如图 5-35 所示。用相同方法添加其他文字，效果如图 5-36 所示。

图 5-35   图 5-36

STEP 15 选择"星形"工具 ☆，在适当的位置绘制星形，设置图形填充色的 C、M、Y、K 值分别为 7、9、86、0，填充图形，并设置描边色为无，效果如图 5-37 所示。选择"选择"工具 ，按住 Alt 键的同时，向右拖曳星形到适当的位置，复制图形，如图 5-38 所示。用相同方法复制出其他图形，效果如图 5-39 所示。

STEP 16 选择"选择"工具 ，将需要的星形同时选取，单击"对齐"面板中"垂直居中对齐"按钮 和"水平居中分布"按钮 ，对齐图形，按 Ctrl+G 组合键，将其编组，效果如图 5-40 所示。

图 5-37   图 5-38   图 5-39   图 5-40

STEP 17 选择"选择"工具 ，选取需要的星形，按住 Alt 键的同时，向右拖曳星形到适当的位置，复制图形，如图 5-41 所示。用相同方法复制出其他图形，效果如图 5-42 所示。

图 5-41   图 5-42

STEP 18 选择"选择"工具 ，选取需要的图形，按 Ctrl+Shift+G 组合键，取消图形编组，如图 5-43 所示。选取需要的图形，设置图形填充色的 C、M、Y、K 值分别为 87、76、42、5，填充图形，效果如图 5-44 所示。用相同方法填充其他图形，效果如图 5-45 所示。

STEP 19 选择"椭圆形"工具 ⬭，按住 Shift 键的同时，在适当的位置绘制圆形，设置图形填充色为白色，填充图形，并设置描边色为无，效果如图 5-46 所示。

图 5-43   图 5-44   图 5-45   图 5-46

STEP 20 选择"选择"工具 ▶，选取绘制的圆形，按 Ctrl+C 组合键，复制圆形，按 Ctrl+F 组合键，将圆形粘贴在前，如图 5-47 所示。按住 Alt+Shift 组合键的同时，向内拖曳圆形右上角控制手柄，等比例缩小圆形，效果如图 5-48 所示。

STEP 21 选择"选择"工具 ▶，选取需要的图形，如图 5-49 所示。选择"窗口 > 路径查找器"命令，弹出"路径查找器"控制面板，单击"减去顶层"按钮 ▣，如图 5-50 所示。生成新的对象，效果如图 5-51 所示。

图 5-47   图 5-48   图 5-49   图 5-50   图 5-51

STEP 22 选择"选择"工具 ▶，按住 Alt+Shift 组合键的同时，水平向右拖曳图形到适当的位置，复制图形，如图 5-52 所示。按 Ctrl+D 组合键多次，复制多个图形，效果如图 5-53 所示。

图 5-52   图 5-53

STEP 23 选择"椭圆"工具 ◯，按住 Shift 键的同时，在适当的位置绘制圆形，设置图形填充色的 C、M、Y、K 值分别为 7、9、86、0，填充图形，并设置描边色为无，效果如图 5-54 所示。

STEP 24 按 Ctrl+O 组合键，打开资源包中的"Ch05 > 素材 > 制作游戏界面 > 01"文件，按 Ctrl+A 组合键，全选图形，复制并将其粘贴到正在编辑的页面中，选择"选择"工具 ▶，选取图形并将其拖曳到适当的位置，如图 5-55 所示。游戏界面制作完成。

图 5-54   图 5-55

5.1.2 对齐对象

"对齐"控制面板中的"对齐对象"选项组中包括 6 种对齐命令按钮：水平左对齐按钮 ▤、水平居中对齐按钮 ▥、水平右对齐按钮 ▤、垂直顶对齐按钮 ▥、垂直居中对齐按钮 ▥、垂直底对齐按钮 ▥。

1. 水平左对齐

以最左边对象的左边边线为基准线，选取全部对象的左边缘和这条线对齐（最左边对象的位置不变）。

选取要对齐的对象，如图 5-56 所示。单击"对齐"控制面板中的"水平左对齐"按钮▣，所有选取的对象将都向左对齐，如图 5-57 所示。

2. 水平居中对齐

以选定对象的中点为基准点对齐，所有对象在垂直方向的位置保持不变（多个对象进行水平居中对齐时，以中间对象的中点为基准点进行对齐，中间对象的位置不变）。

选取要对齐的对象，如图 5-58 所示。单击"对齐"控制面板中的"水平居中对齐"按钮▣，所有选取的对象都将水平居中对齐，如图 5-59 所示。

图 5-56   图 5-57   图 5-58   图 5-59

3. 水平右对齐

以最右边对象的右边边线为基准线，选取全部对象的右边缘和这条线对齐（最右边对象的位置不变）。

选取要对齐的对象，如图 5-60 所示。单击"对齐"控制面板中的"水平右对齐"按钮▣，所有选取的对象都将水平向右对齐，如图 5-61 所示。

4. 垂直顶对齐

以多个要对齐对象中最上面对象的上边线为基准线，选定对象的上边线都和这条线对齐（最上面对象的位置不变）。

选取要对齐的对象，如图 5-62 所示。单击"对齐"控制面板中的"垂直顶对齐"按钮▣，所有选取的对象都将向上对齐，如图 5-63 所示。

图 5-60   图 5-61   图 5-62   图 5-63

5. 垂直居中对齐

以多个要对齐对象的中点为基准点进行对齐，将所有对象进行垂直移动，水平方向上的位置不变（多个对象进行垂直居中对齐时，以中间对象的中点为基准点进行对齐，中间对象的位置不变）。

选取要对齐的对象，如图 5-64 所示。单击"对齐"控制面板中的"垂直居中对齐"按钮，所有选取的对象都将垂直居中对齐，如图 5-65 所示。

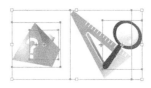

图 5-64   图 5-65

6. 垂直底对齐

以多个要对齐对象中最下面对象的下边线为基准线，选定对象的下边线都和这条线对齐（最下面对象的位置不变）。

选取要对齐的对象，如图 5-66 所示。单击"对齐"控制面板中的"垂直底对齐"按钮，所有选取的对象都将垂直向底对齐，如图 5-67 所示。

图 5-66   图 5-67

5.1.3　分布对象

"对齐"控制面板中的"分布对象"选项组包括 6 种分布命令按钮：垂直顶分布按钮、垂直居中分布按钮、垂直底分布按钮、水平左分布按钮、水平居中分布按钮和水平右分布按钮。

1. 垂直顶分布

以每个选取对象的上边线为基准线，使对象按相等的间距垂直分布。

选取要分布的对象，如图 5-68 所示。单击"对齐"控制面板中的"垂直顶分布"按钮，所有选取的对象将按各自的上边线等距离垂直分布，如图 5-69 所示。

2. 垂直居中分布

以每个选取对象的中线为基准线，使对象按相等的间距垂直分布。

选取要分布的对象，如图 5-70 所示。单击"对齐"控制面板中的"垂直居中分布"按钮，所有选取的对象将按各自的中线等距离垂直分布，如图 5-71 所示。

图 5-68   图 5-69   图 5-70   图 5-71

3. 垂直底分布

以每个选取对象的下边线为基准线，使对象按相等的间距垂直分布。

选取要分布的对象，如图 5-72 所示。单击"对齐"控制面板中的"垂直底分布"按钮，所有选取的对象将按各自的下边线等距离垂直分布，如图 5-73 所示。

4. 水平左分布

以每个选取对象的左边线为基准线，使对象按相等的间距水平分布。

选取要分布的对象，如图 5-74 所示。单击"对齐"控制面板中的"水平左分布"按钮，所有选取的对象将按各自的左边线等距离水平分布，如图 5-75 所示。

图 5-72   图 5-73   图 5-74   图 5-75

5. 水平居中分布

以每个选取对象的中线为基准线，使对象按相等的间距水平分布。

选取要分布的对象，如图 5-76 所示。单击"对齐"控制面板中的"水平居中分布"按钮，所有选取的对象将按各自的中线等距离水平分布，如图 5-77 所示。

6. 水平右分布

以每个选取对象的右边线为基准线，使对象按相等的间距水平分布。

选取要分布的对象，如图 5-78 所示。单击"对齐"控制面板中的"水平右分布"按钮，所有选取的对象将按各自的右边线等距离水平分布，如图 5-79 所示。

图 5-76   图 5-77   图 5-78   图 5-79

7. 垂直分布间距

要精确指定对象间的距离，需选择"对齐"控制面板中的"分布间距"选项组，其中包括"垂直分布间距"按钮 和"水平分布间距"按钮 。

在"对齐"控制面板右下方的数值框中将距离数值设为 10mm，如图 5-80 所示。

选取要对齐的多个对象，如图 5-81 所示。再单击被选取对象中的任意一个对象，该对象将作为其他对象进行分布时的参照。如图 5-82 所示，在图例中单击中间的面包图像作为参照对象。

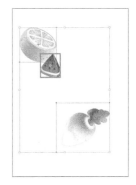

图 5-80   图 5-81   图 5-82

单击"对齐"控制面板中的"垂直分布间距"按钮 ，如图 5-83 所示。所有被选取的对象将以面包图像作为参照按设置的数值等距离垂直分布，效果如图 5-84 所示。

图 5-83   图 5-84

8. 水平分布间距

在"对齐"控制面板右下方的数值框中将距离数值设为 3mm，如图 5-85 所示。

选取要对齐的对象，如图 5-86 所示。再单击被选取对象中的任意一个对象，该对象将作为其他对象进行分布时的参照。如图 5-87 所示，图例中单击中间的面包图像作为参照对象。

图 5-85   图 5-86   图 5-87

单击"对齐"控制面板中的"水平分布间距"按钮 ，如图 5-88 所示。所有被选取的对象将以面包图像作为参照按设置的数值等距离水平分布，效果如图 5-89 所示。

图 5-88   图 5-89

5.1.4 用网格对齐对象

选择"视图 > 显示网格"命令（组合键为 Ctrl+"），页面上显示出网格，效果如图 5-90 所示。

用鼠标单击中间的西瓜图像，并按住鼠标向左拖曳，使西瓜图像的左边线和上方橙子图像的左边线垂直对齐，如图 5-91 所示。用鼠标单击下方的萝卜图像，并按住鼠标向左拖曳，使萝卜图像的左边线和上方西瓜图像的右边线垂直对齐，如图 5-92 所示。全部对齐后的对象如图 5-93 所示。

图 5-90   图 5-91   图 5-92   图 5-93

5.1.5　用辅助线对齐对象

选择"视图 > 标尺 > 显示标尺"命令（组合键为 Ctrl+R），如图 5-94 所示。页面上显示出标尺，效果如图 5-95 所示。

显示标尺(S)	Ctrl+R
更改为全局标尺(C)	Alt+Ctrl+R
显示视频标尺(V)	

图 5-94

选择"选择"工具，单击页面左侧的标尺，按住鼠标不放并向右拖曳，拖曳出一条垂直的辅助线，将辅助线放在要对齐对象的左边线上，如图 5-96 所示。

用鼠标单击西瓜图像并按住鼠标不放向左拖曳，使西瓜图像的左边线和橙子图像的左边线垂直对齐，如图 5-97 所示。释放鼠标，对齐后的效果如图 5-98 所示。

图 5-95

图 5-96

图 5-97

图 5-98

5.2　对象和图层的顺序

对象之间存在着堆叠的关系，后绘制的对象一般显示在先绘制的对象之上，在实际操作中，可以根据需要改变对象之间的堆叠顺序。通过改变图层的排列顺序也可以改变对象的排序。

5.2.1　对象的顺序

选择"对象 > 排列"命令，其子菜单包括 5 个命令：置于顶层、前移一层、后移一层、置于底层和发送至当前图层，使用这些命令可以改变图形对象的排序。对象间堆叠的效果如图 5-99 所示。

选中要排序的对象，用鼠标右键单击页面，在弹出的快捷菜单中也可选择"排列"命令，还可以应用组合键命令来对对象进行排序。

1. 置于顶层

将选取的图像移到所有图像的顶层。选取要移动的图像，如图 5-100 所示。用鼠标右键单击页面，弹出其快捷菜单，在"排列"命令的子菜单中选择"置于顶层"命令，图像排到顶层，效果如图 5-101 所示。

图 5-99

图 5-100

图 5-101

2. 前移一层

将选取的图像向前移过一个图像。选取要移动的图像，如图 5-102 所示。用鼠标右键单击页面，弹出其快捷菜单，在"排列"命令的子菜单中选择"前移一层"命令，图像向前一层，效果如图 5-103 所示。

图 5-102   图 5-103

3. 后移一层

将选取的图像向后移过一个图像。选取要移动的图像，如图 5-104 所示。用鼠标右键单击页面，弹出其快捷菜单，在"排列"命令的子菜单中选择"后移一层"命令，图像向后一层，效果如图 5-105 所示。

4. 置于底层

将选取的图像移到所有图像的底层。选取要移动的图像，如图 5-106 所示。用鼠标右键单击页面，弹出其快捷菜单，在"排列"命令的子菜单中选择"置于底层"命令，图像将排到最后面，效果如图 5-107 所示。

图 5-104   图 5-105   图 5-106   图 5-107

5. 发送至当前图层

选择"图层"控制面板，在"图层 1"上新建"图层 2"，如图 5-108 所示。选取要发送到当前图层的 A 图像，如图 5-109 所示，这时"图层 1"变为当前图层，如图 5-110 所示。

图 5-108   图 5-109   图 5-110

用鼠标单击"图层 2"，使"图层 2"成为当前图层，如图 5-111 所示。用鼠标右键单击页面，弹出其快捷菜单，在"排列"命令的子菜单中选择"发送至当前图层"命令，A 图像被发送到当前图层，即"图层 2"中，页面效果如图 5-112 所示。"图层"控制面板效果如图 5-113 所示。

图 5-111　　　　　　　　　图 5-112　　　　　　　　　图 5-113

5.2.2　使用图层控制对象

1. 通过改变图层的排列顺序改变图像的排序

页面中图像的排列顺序如图 5-114 所示。"图层"控制面板中排列的顺序如图 5-115 所示。书籍在"图层 1"中，C 图像在"图层 2"中，B 图像在"图层 3"中，A 图像在"图层 4"中。

在"图层"控制面板中，图层的顺序越靠上，该图层中包含的图像在页面中的排列顺序越靠前。

如想使 C 图像排列在 A 图像之前，选中"图层 4"并按住鼠标左键不放，将"图层 4"向下拖曳至"图层 2"的下方，如图 5-116 所示。释放鼠标后，C 图像就排列到 A 图像的前面，效果如图 5-117 所示。

图 5-114　　　　　　　图 5-115　　　　　　　图 5-116　　　　　　　图 5-117

2. 在图层之间移动图像

选取要移动的 C，如图 5-118 所示。在"图层 2"的右侧出现一个彩色小方块，如图 5-119 所示。用鼠标单击小方块，将它拖曳到"图层 4"上，如图 5-120 所示，释放鼠标。

图 5-118　　　　　　　　　图 5-119　　　　　　　　　图 5-120

页面中的三角形随着"图层"控制面板中彩色小方块的移动，也移动到了页面的最前面。移动后，"图层"控制面板如图 5-121 所示。图形对象的效果如图 5-122 所示。

图 5-121

图 5-122

5.3 编组

在绘制图形的过程中，可以将多个图形进行编组，从而组合成一个图形组，还可以将多个编组组合成一个新的编组。

5.3.1 课堂案例——绘制邮票

⊕ 案例学习目标

学习使用绘制图形和编组命令绘制邮票。

⊕ 案例知识要点

使用矩形工具、椭圆工具和路径查找器命令绘制边框。使用文字工具添加文字。邮票效果如图 5-123 所示。

⊕ 效果所在位置

资源包/Ch05/效果/绘制邮票.ai。

图 5-123

绘制邮票

STEP ⬆1 按 Ctrl+N 组合键，新建一个文档，宽度为 80mm，高度为 80mm，取向为竖向，颜色模式为 CMYK，单击"确定"按钮。

STEP ⬆2 选择"矩形"工具 ▢，在适当的位置绘制矩形，如图 5-124 所示。设置图形填充色的 C、M、Y、K 值分别为 20、21、35、0，填充图形，并设置描边色为无，效果如图 5-125 所示。

STEP ⬆3 选择"椭圆"工具 ◯，按住 Shift 键的同时，在矩形下方绘制一个圆形，如图 5-126 所示。选择"选择"工具 �k，按住 Alt+Shift 组合键的同时，水平向右拖曳圆形到适当的位置，复制图形，如图 5-127 所示。连续按 Ctrl+D 组合键，复制出多个圆形，效果如图 5-128 所示。

图 5-124　　　　　　　　　　　图 5-125

图 5-126　　　　　　　　图 5-127　　　　　　　　图 5-128

STEP 4 选择"选择"工具 ，将下方的圆形同时选取，按住 Alt+Shift 键的同时，垂直向上拖曳圆形到适当位置，复制图形，如图 5-129 所示。将所有的图形同时选取，如图 5-130 示。选择"窗口 > 路径查找器"命令，弹出"路径查找器"面板，单击"减去顶层"按钮 ，剪切后的效果如图 5-131 所示。用相同的方法制作左右两侧的效果，如图 5-132 所示。

图 5-129　　　　　　　图 5-130　　　　　　　图 5-131　　　　　　　图 5-132

STEP 5 选择"矩形"工具 ，在适当的位置绘制一个矩形，设置图形填充色的 C、M、Y、K 值分别为 10、0、4、0，填充图形，并设置描边色为无，效果如图 5-133 所示。

STEP 6 选择"选择"工具 ，将两个图形同时选取，选择"窗口 > 对齐"命令，弹出"对齐"控制面板，单击"水平居中对齐"按钮 和"垂直居中对齐"按钮 ，对齐后的效果如图 5-134 所示。

STEP 7 按 Ctrl+O 组合键，打开资源包中的"Ch05 > 素材 > 绘制邮票 > 01"文件，按 Ctrl+A 组合键，全选图形，复制并将其粘贴到正在编辑的页面中，选择"选择"工具 ，选取图形并将其拖曳到适当的位置，如图 5-135 所示。按 Ctrl+G 组合键，将图形编组。

图 5-133　　　　　　图 5-134　　　　　　图 5-135

STEP 8 选择"文字"工具 T，在页面中适当的位置输入需要的文字，选择"选择"工具 ，在属性栏中选择合适的字体并设置适当的文字大小，效果如图 5-136 所示。选取文字"90"，在属性栏中设置文字大小为 12pt，效果如图 5-137 所示。邮票绘制完成，效果如图 5-138 所示。

图 5-136　　　　　　图 5-137　　　　　　图 5-138

5.3.2　编组

使用"编组"命令，可以将多个对象组合在一起使其成为一个对象。使用"选择"工具 选取要编组的图像，编组之后，单击任何一个图像，其他图像都会被一起选取。

1．创建组合

选取要编组的对象，如图 5-139 所示。选择"对象 > 编组"命令（组合键为 Ctrl+G），将选取的对象组合，组合后的图像，选择其中的任何一个图像，其他的图像也会同时被选取，如图 5-140 所示。

将多个对象组合后，其外观并没有变化，当对任何一个对象进行编辑时，其他对象也随之产生相应的变化。如果需要单独编辑组合中的个别对象，而不改变其他对象的状态，可以应用"编组选择"工具 进行选取。选择"编组选择"工具 ，用鼠标单击要移动的对象并按住鼠标左键不放，拖曳对象到合适的位置，效果如图 5-141 所示，其他的对象并没有变化。

图 5-139　　　　　　图 5-140　　　　　　图 5-141

> "编组"命令还可以将几个不同的组合进行进一步组合，或在组合与对象之间进行进一步组合。在几个组之间进行组合时，原来的组合并没有消失，它与新得到的组合是嵌套的关系。组合不同图层上的对象，组合后所有的对象将自动移动到最上边对象的图层中，并形成组合。

2. 取消组合

选取要取消组合的对象，如图 5-142 所示。选择"对象 > 取消编组"命令（组合键为 Shift+Ctrl+G），取消组合的图像。取消组合后的图像，可通过单击鼠标选取任意一个图像，如图 5-143 所示。

图 5-142 图 5-143

进行一次"取消编组"命令只能取消一层组合，例如，两个组合使用"编组"命令得到一个新的组合，应用"取消编组"命令取消这个新组合后，得到两个原始的组合。

5.4 控制对象

在 Illustrator CC，控制对象的方法非常灵活有效，包括锁定和解锁对象、隐藏和显示对象等方法。

5.4.1 锁定对象

锁定对象可以防止操作时误选对象，也可以防止当多个对象重叠在一起而选择一个对象时，其他对象也连带被选取。

锁定对象包括 3 个部分：所选对象、上方所有图稿、其他图层。

1. 锁定选择

选取要锁定的圆形，如图 5-144 所示。选择"对象 > 锁定 > 所选对象"命令（组合键为 Ctrl+2），将帽子图形锁定。锁定后，当其他图像移动时，帽子图形不会随之移动，如图 5-145 所示。

图 5-144 图 5-145

2. 锁定上方所有图稿的图像

选取项链模特图形，如图 5-146 所示。选择"对象 > 锁定 > 上方所有图稿"命令，项链模特图形之上的帽子图形和彩花图形则被锁定。当移动项链模特图形的时候，帽子图形和彩花图形不会随之移动，如图 5-147 所示。

图 5-146   图 5-147

3. 锁定其他图层

帽子图形、项链模特图形、彩花图形分别在不同的图层上，如图 5-148 所示。选取帽子图形，如图 5-149 所示。选择"对象 > 锁定 > 其他图层"命令，在"图层"控制面板中，除了帽子图形所在的图层，其他图层都被锁定了。被锁定图层的左边将会出现一个锁头的图标 🔒 ，如图 5-150 所示。锁定图层中的图像在页面中也都被锁定了。

图 5-148   图 5-149   图 5-150

4. 解除锁定

选择"对象 > 全部解锁"命令（组合键为 Alt +Ctrl+2），被锁定的图像就会被取消锁定。

5.4.2　隐藏对象

Illustrator 可以将当前不重要或已经做好的图像隐藏起来，避免妨碍其他图像的编辑。

隐藏图像包括 3 个部分：所选对象、上方所有图稿、其他图层。

1. 隐藏选择

选取要隐藏的对象，如图 5-151 所示。选择"对象 > 隐藏 > 所选对象"命令（组合键为 Ctrl+3），则帽子图形被隐藏起来，效果如图 5-152 所示。

2. 隐藏上方所有图稿的图像

选取不要隐藏的对象，如图 5-153 所示。选择"对象 > 隐藏 > 上方所有图稿"命令，项链模特图形之上的帽子图形和彩花图形则被隐藏，如图 5-154 所示。

图 5-151　　　　　　　　　　图 5-152

图 5-153　　　　　　　　　　图 5-154

3. 隐藏其他图层

选取不需要隐藏的图层上的对象，如图 5-155 所示。选择"对象 > 隐藏 > 其他图层"命令，在"图层"控制面板中，除了彩花图形所在的图层，其他图层都被隐藏了，即眼睛图标消失，如图 5-156 所示。其他图层中的图像在页面中也都被隐藏了，效果如图 5-157 所示。

图 5-155　　　　　　　　图 5-156　　　　　　　　图 5-157

4. 显示所有对象

当对象被隐藏后，选择"对象 > 显示全部"命令（组合键为 Alt +Ctrl+3 ），所有的对象将会被显示出来。

5.5 课堂练习——绘制美丽风景插画

练习知识要点

使用钢笔工具、椭圆工具和渐变工具绘制背景、海、树和帆船效果。使用不透明度命令制作装饰图形的透明效果，如图 5-158 所示。

效果所在位置

资源包/Ch05/效果/绘制美丽风景插画.ai。

绘制美丽风景插画

图 5-158

5.6 课后习题——制作杂志封面

习题知识要点

使用置入命令置入封面图片。使用文字工具、描边命令和投影命令编辑文字。使用对齐命令将文字对齐。效果如图 5-159 所示。

效果所在位置

资源包/Ch05/效果/制作杂志封面.ai。

制作杂志封面

图 5-159

第 6 章
颜色填充与描边

本章介绍 Illustrator CC 中填充工具和命令工具的使用方法，以及描边和符号的添加和编辑技巧。通过本章的学习，读者可以利用颜色填充和描边功能，绘制出漂亮的图形效果，还可把需要重复应用的图形制作成符号，以提高工作效率。

课堂学习目标

- 掌握三种色彩模式的区别与应用

- 熟练掌握不同的填充方法和技巧

- 熟练掌握描边和使用符号的技巧

6.1 色彩模式

Illustrator CC 提供了 RGB、CMYK、Web 安全 RGB、HSB 和灰度 5 种色彩模式。最常用的是 CMYK
模式和 RGB 模式，其中 CMYK 是默认的色彩模式。不同的色彩模式调配颜色的基本色不尽相同。

6.1.1 RGB 模式

RGB 模式源于有色光的三原色原理。它是一种加色模式，就是通过红、绿、蓝 3 种颜色相叠加而产生
更多的颜色。同时，RGB 也是色光的彩色模式。在编辑图像时，RGB 色彩模式应是最佳的选择。因为它可
以提供全屏幕的多达 24 位的色彩范围。"RGB 色彩模式"控制面板如图 6-1 所示，可以在控制面板中设
置 RGB 颜色。

6.1.2 CMYK 模式

CMYK 模式主要应用在印刷领域。它通过反射某些颜色的光并吸收另外一些颜色的光来产生不同的颜
色，是一种减色模式。CMYK 代表了印刷上用的 4 种油墨：C 代表青色，M 代表洋红色，Y 代表黄色，K
代表黑色。"CMYK 色彩模式"控制面板如图 6-2 所示，可以在控制面板中设置 CMYK 颜色。

CMYK 模式是图片、插图和其他作品最常用的一种印刷方式。这是因为在印刷中通常都要进行四色分
色，出四色胶片，然后再进行印刷。

6.1.3 灰度模式

灰度模式又叫 8 位深度图。每个像素用 8 个二进制位表示，能产生 28（即 256 级）灰色调。当一个彩
色文件被转换为灰度模式文件时，所有的颜色信息都将从文件中丢失。

灰度模式的图像中存在 256 种灰度级，灰度模式只有 1 个亮度调节滑杆，0 代表白色，100 代表黑色。
灰度模式经常应用在成本相对低廉的黑白印刷中。另外，将彩色模式转换为双色调模式或位图模式时，必
须先转换为灰度模式，然后由灰度模式转换为双色调模式或位图模式。"灰度模式"控制面板如图 6-3 所
示，可以在其中设置灰度值。

图 6-1

图 6-2

图 6-3

6.2 颜色填充

Illustrator CC 用于填充的内容包括"色板"控制面板中的单色对象、图案对象和渐变对象，以及"颜
色"控制面板中的自定义颜色。另外，"色板库"提供了多种外挂的色谱、渐变对象和图案对象。

6.2.1　填充工具

应用工具箱中的"填色"和"描边"工具，可以指定所选对象的填充颜色和描边颜色。当单击按钮（快捷键为 X）时，可以切换填色显示框和描边显示框的位置。按 Shift+X 组合键时，可使选定对象的颜色在填充和描边填充之间切换。

在"填色"和"描边"工具下面有 3 个按钮，它们分别是"颜色"按钮、"渐变"按钮和"无"按钮。当选择渐变填充时它不能用于图形的描边上。

6.2.2　"颜色"控制面板

Illustrator 通过"颜色"控制面板设置对象的填充颜色。单击"颜色"控制面板右上方的图标，在弹出式菜单中选择当前取色时使用的颜色模式。无论选择哪一种颜色模式，控制面板中都将显示出相关的颜色内容，如图 6-4 所示。

选择"窗口 > 颜色"命令，弹出"颜色"控制面板。"颜色"控制面板上的按钮用来进行填充颜色和描边颜色之间的互相切换，操作方法与工具箱中按钮的使用方法相同。

将光标移动到取色区域，光标变为吸管形状，单击就可以选取颜色。拖曳各个颜色滑块或在各个数值框中输入有效的数值，可以调配出更精确的颜色，如图 6-5 所示。

更改或设定对象的描边颜色时，单击选取已有的对象，在"颜色"控制面板中切换到描边颜色，选取或调配出新颜色，这时新选的颜色被应用到当前选定对象的描边中，如图 6-6 所示。

图 6-4

图 6-5

图 6-6

6.2.3　"色板"控制面板

选择"窗口 > 色板"命令，弹出"色板"控制面板，在"色板"控制面板中单击需要的颜色或样本，可以将其选中，如图 6-7 所示。

"色板"控制面板提供了多种颜色和图案，并且允许添加并存储自定义的颜色和图案。单击"显示色板类型"菜单按钮，可以使所有的样本显示出来；单击"新建颜色组"按钮，可以新建颜色组；单击"色板选项"按钮，可以打开"色板"选项对话框；"新建色板"按钮用于定义和新建一个新的样本；"删除色板"按钮可以将选定的样本从"色板"控制面板中删除。

图 6-7

绘制一个图形，单击填色按钮，如图 6-8 所示。选择"窗口 > 色板"命令，弹出"色板"控制面板，在"色板"控制面板中单击需要的颜色或图案来对图案内部进行填充，效果如图 6-9 所示。

选择"窗口 > 色板库"命令，可以调出更多的色板库。引入外部色板库，新增的多个色板库都将显示在同一个"色板"控制面板中。

图 6-8   图 6-9

在"色板"控制面板左上角的方块标有斜红杠 ，表示无颜色填充。双击"色板"控制面板中的颜色缩略图 的时候会弹出"色板选项"对话框，可以设置其颜色属性，如图 6-10 所示。

单击"色板"控制面板右上方的按钮 ，将弹出下拉菜单，选择菜单中的"新建色板"命令，如图 6-11 所示，可以将选中的某一颜色或样本添加到"色板"控制面板中；单击"新建色板"按钮，也可以添加新的颜色或样本到"色板"控制面板中。

图 6-10   图 6-11

Illustrator CC 除"色板"控制面板中默认的样本外，在其"色板库"中还提供了多种色板。选择"窗口 > 色板库"命令，或单击"色板"控制面板左下角的"色板库菜单"按钮 ，可以看到在其子菜单中包括了不同的样本可供选择使用。当选择"窗口 > 色板库 > 其他库"命令时，弹出对话框，可以将其他文件中的色板样本、渐变样本和图案样本导入到"色板"控制面板中。

Illustrator CC 增强了"色板"面板的搜索功能，可以键入颜色名称或输入 CMYK 颜色值进行搜索。"查找栏"在默认情况下不启用，单击"色板"控制面板右上方的按钮 ，在弹出的下拉菜单中选择"显示查找栏位"命令，面板上方显示查找选项。

单击"打开 kuler 面板"按钮 ，弹出"kuler"面板，可以试用、创建和共享在项目中使用的颜色。

6.3 渐变填充

渐变填充是指两种或多种不同颜色在同一条直线上逐渐过渡填充。建立渐变填充有多种方法，可以使用"渐变"工具 ，也可以使用"渐变"控制面板和"颜色"控制面板来设置选定对象的渐变颜色，还可以使用"色板"控制面板中的渐变样本。

6.3.1　课堂案例——制作舞吧网络广告

案例学习目标

学习使用文字工具、填充面板和渐变工具制作舞吧网络广告。

案例知识要点

使用矩形网格工具和颜色面板绘制网格背景。使用文字工具为海报添加宣传文字。使用文字工具、创建轮廓命令和渐变面板制作装饰文字。舞吧网络广告效果如图 6-12 所示。

效果所在位置

资源包/Ch06/效果/制作舞吧网络广告.ai。

图 6-12

制作舞吧网络广告

STEP 1　按 Ctrl+N 组合键，新建一个文档，宽度为 210mm，高度为 143mm，取向为横向，颜色模式为 CMYK，单击"确定"按钮。

STEP 2　选择"文件 > 置入"命令，弹出"置入"对话框，选择资源包中的"Ch06 > 素材 > 制作舞吧网络广告 > 01"文件，单击"置入"按钮，将图片置入到页面中，单击属性栏中的"嵌入"按钮，嵌入图片。选择"选择"工具，拖曳图片到适当的位置，效果如图 6-13 所示。

STEP 3　选择"矩形"工具，在适当的位置绘制与页面大小相等的矩形，如图 6-14 所示。选择"选择"工具，圈选需要的图形，选择"对象 > 剪切蒙版 > 建立"命令，效果如图 6-15 所示。

图 6-13　　　　　　　　　　图 6-14　　　　　　　　　　图 6-15

STEP 4　选择"钢笔"工具，在适当的位置绘制不规则图形，设置图形填充色的 C、M、Y、K 值分别为 80、98、0、0，填充图形，并设置描边色为无，效果如图 6-16 所示。

STEP 5　选择"窗口 > 透明度"命令，弹出"透明度"控制面板，将混合模式设为"正片叠底"，将"不透明度"选项设为 62%，如图 6-17 所示，效果如图 6-18 所示。用相同方法绘制其他图形，分别填充适当颜色，并在"透明度"控制面板分别调整图形的混合模式和不透明度，效果如图 6-19 所示。

图 6-16

图 6-17

图 6-18

图 6-19

STEP 6 选择"矩形"工具▣，在适当的位置绘制与页面大小相等的矩形，如图 6-20 所示。选择"选择"工具▶，选取需要的图形，选择"对象 > 剪切蒙版 > 建立"命令，效果如图 6-21 所示。

图 6-20

图 6-21

STEP 7 选择"矩形网格"工具▦，在页面中单击，在弹出的对话框中进行设置，如图 6-22 所示。单击"确定"按钮，绘制网格，选择"选择"工具▶，将其拖曳到适当的位置，并调整其大小，效果如图 6-23 所示。设置网格描边色的 C、M、Y、K 值分别为 51、44、14、0，填充网格描边，将"不透明度"选项设为 47%，效果如图 6-24 所示。

STEP 8 选择"文字"工具 T，在页面中适当的位置输入需要的文字，选择"选择"工具▶，在属性栏中选择合适的字体并设置适当的文字大小，效果如图 6-25 所示。选择"文字 > 创建轮廓"命令，将文字转换为轮廓图形，效果如图 6-26 所示。按 Shift+Ctrl+G 组合键，取消文字编组，选择"选择"工具▶，选取需要的文字，如图 6-27 所示。

图 6-22　　　　　　　　　　图 6-23　　　　　　　　　　图 6-24

图 6-25　　　　　　　　　　图 6-26　　　　　　　　　　图 6-27

STEP 9 选择"对象 > 变换 > 倾斜"命令，弹出"倾斜"对话框，选项的设置如图 6-28 所示。单击"确定"按钮，效果如图 6-29 所示。

图 6-28　　　　　　　　　　　　　　　图 6-29

STEP 10 选择"选择"工具，分别调整文字的位置，如图 6-30 所示。双击"渐变"工具，弹出"渐变"控制面板，在色带上设置两个渐变滑块，分别将渐变滑块的位置设为 0、37、100，并设置 C、M、Y、K 的值分别为 0（34、78、0、0）、37（0、0、0、0）、100（96、84、0、0）；其他选项的设置如图 6-31 所示。图形被填充为渐变色，并设置描边色为白色，描边粗细为 2pt，效果如图 6-32 所示。用相同方法为其他文字添加渐变色，效果如图 6-33 所示。

图 6-30   图 6-31

图 6-32   图 6-33

STEP 11 按 Ctrl+O 组合键，打开资源包中的"Ch06 > 素材 > 制作舞吧网络广告 > 02"文件，按 Ctrl+A 组合键，全选图形，复制并将其粘贴到正在编辑的页面中，选择"选择"工具 ，选取图形并将其拖曳到适当的位置，如图 6-34 所示。

STEP 12 双击"渐变"工具 ，弹出"渐变"控制面板，在色带上设置 3 个渐变滑块，分别将渐变滑块的位置设为 0、37、100，并设置 C、M、Y、K 的值分别为 0（34、78、0、0）、37（0、0、0、0）、100（96、84、0、0）；其他选项的设置如图 6-35 所示。图形被填充为渐变色，并设置描边色为无，效果如图 6-36 所示。

图 6-34   图 6-35   图 6-36

STEP 13 选择"文字"工具 ，在页面中适当的位置输入需要的文字，选择"选择"工具 ，在属性栏中选择合适的字体并设置适当的文字大小，设置文字填充色为白色，效果如图 6-37 所示。用相同方法分别输入其他文字，并分别设置适当字体和文字大小，效果如图 6-38 所示。

STEP 14 选择"钢笔"工具 ，在适当的位置绘制不规则图形，设置图形填充色为白色，填充图形，并设置描边色为无，效果如图 6-39 所示。舞吧网络广告制作完成。

图 6-37   图 6-38   图 6-39

6.3.2 创建渐变填充

绘制一个图形，如图 6-40 所示。单击工具箱下部的"渐变"按钮█，对图形进行渐变填充，效果如图 6-41 所示。选择"渐变"工具▣，在图形需要的位置单击设定渐变的起点并按住鼠标左键拖曳，再次单击确定渐变的终点，如图 6-42 所示。渐变填充的效果如图 6-43 所示。

在"色板"控制面板中单击需要的渐变样本，对图形进行渐变填充，效果如图 6-44 所示。

图 6-40   图 6-41   图 6-42   图 6-43   图 6-44

6.3.3 渐变控制面板

在"渐变"控制面板中可以设置渐变参数，可选择"线性"或"径向"渐变，设置渐变的起始、中间和终止颜色，还可以设置渐变的位置和角度。

选择"窗口 > 渐变"命令，弹出"渐变"控制面板，如图 6-45 所示。从"类型"选项的下拉列表中可以选择"径向"或"线性"渐变方式，如图 6-46 所示。

在"角度"选项的数值框中显示当前的渐变角度，重新输入数值后单击 Enter 键，可以改变渐变的角度，如图 6-47 所示。

图 6-45   图 6-46   图 6-47

单击"渐变"控制面板下面的颜色滑块，在"位置"选项的数值框中显示出该滑块在渐变颜色中颜色位置的百分比，如图 6-48 所示。拖动该滑块，改变该颜色的位置，即改变颜色的渐变梯度，如图 6-49 所示。

图 6-48   图 6-49

在渐变色谱条底边单击，可以添加一个颜色滑块，如图 6-50 所示。在"颜色"控制面板中调配颜色，如图 6-51 所示。可以改变添加的颜色滑块的颜色，如图 6-52 所示。用鼠标按住颜色滑块不放并将其拖出到"渐变"控制面板外，可以直接删除颜色滑块。

图 6-50   图 6-51   图 6-52

6.3.4 渐变填充的样式

1. 线性渐变填充

线性渐变填充是一种比较常用的渐变填充方式，通过"渐变"控制面板，可以精确地指定线性渐变的起始和终止颜色，还可以调整渐变方向；通过调整中心点的位置，可以生成不同的颜色渐变效果。当需要绘制线性渐变填充图形时，可按以下步骤操作。

选择绘制好的图形，如图 6-53 所示。双击"渐变"工具 或选择"窗口 > 渐变"命令（组合键为Ctlr+F9），弹出"渐变"控制面板。在"渐变"控制面板色谱条中，显示程序默认的白色到黑色的线性渐变样式，如图 6-54 所示。在"渐变"控制面板的"类型"选项的下拉列表中选择"线性"渐变类型，如图 6-55 所示。图形将被线性渐变填充，效果如图 6-56 所示。

图 6-53   图 6-54   图 6-55   图 6-56

单击"渐变"控制面板中的起始颜色游标 ，如图 6-57 所示，然后在"颜色"控制面板中调配所需的颜色，设置渐变的起始颜色。再单击终止颜色游标，如图 6-58 所示。设置渐变的终止颜色，效果如

图 6-59 所示。图形的线性渐变填充效果如图 6-60 所示。

图 6-57　　　　　　　　　图 6-58　　　　　　　　　图 6-59　　　　　　图 6-60

　　拖动色谱条上边的控制滑块，可以改变颜色的渐变位置，如图 6-61 所示。"位置"数值框中的数值也会随之发生变化，设置"位置"数值框中的数值也可以改变颜色的渐变位置，图形的线性渐变填充效果也将改变，如图 6-62 所示。

　　如果要改变颜色渐变的方向，可选择"渐变"工具，直接在图形中拖曳即可。当需要精确地改变渐变方向时，可通过"渐变"控制面板中的"角度"选项来控制图形的渐变方向。

图 6-61　　　　　　　　图 6-62

2. 径向渐变填充

　　径向渐变填充是 Illustrator CC 的另一种渐变填充类型，与线性渐变填充不同，它是从起始颜色以圆的形式向外发散，逐渐过渡到终止颜色。它的起始颜色和终止颜色，以及渐变填充中心点的位置都是可以改变的。使用径向渐变填充可以生成多种渐变填充效果。

　　选择绘制好的图形，如图 6-63 所示。双击"渐变"工具或选择"窗口 > 渐变"命令（组合键为 Ctrl+F9），弹出"渐变"控制面板。在"渐变"控制面板色谱条中，显示程序默认的白色到黑色的线性渐变样式，如图 6-64 所示。在"渐变"控制面板的"类型"选项的下拉列表中选择"径向"渐变类型，如图 6-65 所示。图形将被径向渐变填充，效果如图 6-66 所示。

图 6-63　　　　　　　图 6-64　　　　　　　　　图 6-65　　　　　　图 6-66

单击"渐变"控制面板中的起始颜色游标，或终止颜色游标，然后在"颜色"控制面板中调配颜色，即可改变图形的渐变颜色，效果如图 6-67 所示。拖动色谱条上边的控制滑块，可以改变颜色的中心渐变位置，效果如图 6-68 所示。使用"渐变"工具绘制，可改变径向渐变的中心位置，效果如图 6-69 所示。

图 6-67　　　　　图 6-68　　　　　图 6-69

6.3.5　使用渐变库

除了在"色板"控制面板中提供的渐变样式外，Illustrator CC 还提供了一些渐变库。选择"窗口 > 色板库 > 其他库"命令，弹出"打开"对话框，在"色板 > 渐变"文件夹内包含了系统提供的渐变库，如图 6-70 所示。在文件夹中可以选择不同的渐变库，选择后单击"打开"按钮，渐变库的效果如图 6-71 所示。

图 6-70

图 6-71

6.4　图案填充

图案填充是绘制图形的重要手段，使用合适的图案填充可以使绘制的图形更加生动形象。

6.4.1　使用图案填充

选择"窗口 > 色板库 > 图案"命令，可以选择自然、装饰灯等多种图案填充图形，如图 6-72 所示。绘制一个图形，如图 6-73 所示。在工具箱下方选择描边按钮，再在"色板"控制面板中选择需要的图案，如图 6-74 所示。图案填充到图形的描边上，效果如图 6-75 所示。

图 6-72　　　　　图 6-73　　　　　图 6-74　　　　　图 6-75

在工具箱下方选择填充按钮，在"色板"控制面板中单击选择需要的图案，如图 6-76 所示。图案填充到图形的内部，效果如图 6-77 所示。

图 6-76

图 6-77

6.4.2 创建图案填充

在 Illustrator CC 中可以将基本图形定义为图案，作为图案的图形不能包含渐变、渐变网格、图案和位图。

使用"星形"工具 ☆ 绘制 3 个星形，同时选取 3 个星形，如图 6-78 所示。选择"对象 > 图案 > 建立"命令，弹出提示框和"图案选项"面板，如图 6-79 所示。同时页面进入"图案编辑模式"，单击提示框的"确定"按钮，在面板中可以设置图案的名称、大小和重叠方式等，设置完成后，单击页面左上方的"完成"按钮，定义的图案就添加到"色板"控制面板中了，效果如图 6-80 所示。

图 6-78

图 6-79

图 6-80

在"色板"控制面板中单击新定义的图案并将其拖曳到页面上，如图 6-81 所示。选择"对象 > 取消编组"命令，取消图案组合，可以重新编辑图案，效果如图 6-82 所示。选择"对象 > 编组"命令，将新编辑的图案组合，将图案拖曳到"色板"控制面板中，如图 6-83 所示。在"色板"控制面板中添加了新定义的图案，如图 6-84 所示。

图 6-81

图 6-82

图 6-83 　　　　　　　　　　　　　　　　　图 6-84

使用"多边形"工具 绘制一个多边形，如图 6-85 所示。在"色板"控制面板中单击新定义的图案，如图 6-86 所示。多边形的图案填充效果如图 6-87 所示。

图 6-85 　　　　　　　　图 6-86 　　　　　　　　图 6-87

Illustrator CC 自带一些图案库。选择"窗口 > 图形样式库"子菜单下的各种样式，加载不同的样式库。可以选择"其他库"命令来加载外部样式库。

6.4.3　使用图案库

除了在"色板"控制面板中提供的图案外，Illustrator CC 还提供了一些图案库。选择"窗口 > 色板库 > 其他库"命令，弹出"打开"对话框，在"色板 > 图案"文件夹中包含了系统提供的渐变库，如图 6-88 所示。在文件夹中可以选择不同的图案库，选择后单击"打开"按钮，图案库的效果如图 6-89 和图 6-90 所示。

图 6-88 　　　　　　　　　　　　　　图 6-89 　　　　　　　图 6-90

6.5　渐变网格填充

应用渐变网格功能可以制作出图形颜色细微之处的变化，并且易于控制图形颜色。使用渐变网格可以对图形应用多个方向、多种颜色的渐变填充。

6.5.1　课堂案例——绘制蔬菜

⊕ **案例学习目标**

学习使用钢笔工具、网格工具和渐变工具绘制蔬菜。

⊕ **案例知识要点**

使用钢笔工具、直接选择工具和网格工具绘制蔬菜主体。使用渐变工具绘制蔬菜盖。使用模糊命令添加蔬菜的阴影效果。使用文字工具添加文字。蔬菜效果如图 6-91 所示。

⊕ **效果所在位置**

资源包/Ch06/效果/绘制蔬菜.ai。

图 6-91

绘制蔬菜

STEP 1 按 Ctrl+N 组合键，新建一个文档，宽度为 297mm，高度为 210mm，取向为横向，颜色模式为 CMYK，单击"确定"按钮。

STEP 2 选择"矩形"工具 ▣，在适当的位置绘制与页面大小相等的矩形，设置图形填充色的 C、M、Y、K 值分别为 25、0、18、0，填充图形，并设置描边色为无，效果如图 6-92 所示。

STEP 3 选择"钢笔"工具 ✍，在适当的位置绘制一个图形，如图 6-93 所示。设置图形填充色的 C、M、Y、K 值分别为 77、82、63、43，填充图形，并设置描边色为无，效果如图 6-94 所示。

图 6-92

图 6-93

图 6-94

STEP 4 选择"网格"工具 ▦，在图形的适当位置单击鼠标，将图形建立为渐变网格对象，如图 6-95 所示。在图形中已添加的网格线上再次单击，可以添加网格点，如图 6-96 所示。在网格线上再次单击，可以继续添加网格点，如图 6-97 所示。

STEP 5 选择"直接选择"工具 ▷，选中网格中的锚点，如图 6-98 所示。设置锚点填充色的 C、M、Y、K 值分别为 50、48、30、0，效果如图 6-99 所示。

图 6-95　　　　　　　图 6-96　　　　　　　图 6-97

图 6-98　　　　　　　　　　图 6-99

STEP 6 按住 Shift 键的同时，单击需要的网格锚点将其同时选取，如图 6-100 所示。设置填充色的 C、M、Y、K 值分别为 31、29、12、0，填充锚点，效果如图 6-101 所示。用相同方法分别选取需要的锚点，并设置适当的颜色，效果如图 6-102 所示。

图 6-100　　　　　　　图 6-101　　　　　　　图 6-102

STEP 7 选择"钢笔"工具 ，在适当的位置绘制一个图形，如图 6-103 所示。双击"渐变"工具 ，弹出"渐变"控制面板，在色带上设置两个渐变滑块，分别将渐变滑块的位置设为 0、100，并设置 C、M、Y、K 的值分别为 0（83、45、100、7）、100（53、12、100、0）；其他选项的设置如图 6-104 所示。图形被填充为渐变色，并设置描边色为无，效果如图 6-105 所示。选择"选择"工具 ，将绘制的图形编组。

图 6-103　　　　　　　图 6-104　　　　　　　图 6-105

STEP 8 选择"椭圆"工具 ，在适当的位置绘制椭圆形，如图 6-106 所示。双击"渐变"工具 ，弹出"渐变"控制面板，在色带上设置两个渐变滑块，分别将渐变滑块的位置设为 7、100，并设置 C、M、Y、K 的值分别为 7（0、0、0、100）、100（0、0、0、100）；其他选项的设置如图 6-107 所示。图形被填充为渐变色，并设置描边色为无，效果如图 6-108 所示。

STEP 9 选择"效果 > 模糊 > 高斯模糊"命令，弹出"高斯模糊"对话框，选项的设置如图 6-109 所示。单击"确定"按钮，效果如图 6-110 所示。按 Ctrl+［组合键，将图像向后移动一层，效果如图 6-111 所示。

图 6-106　　　　　　　　图 6-107　　　　　　　　图 6-108

图 6-109　　　　　　　　图 6-110　　　　　　　　图 6-111

STEP 10 选择"选择"工具 ，将绘制的图形拖曳到适当位置，效果如图 6-112 所示。用上述方法分别绘制其他图形，并分别填充适当的颜色，分别调整图形的顺序，效果如图 6-113 所示。选择"选择"工具 ，选取蔬菜及阴影，按 Ctrl+G 组合键，将其编组。

图 6-112　　　　　　　　　　　　　　图 6-113

STEP 11 选择"文字"工具 T ，在页面中适当的位置输入需要的文字，选择"选择"工具 ，在属性栏中选择合适的字体并设置适当的文字大小，效果如图 6-114 所示。用相同方法输入其他文字，并设置适当字体和文字大小，效果如图 6-115 所示。

图 6-114　　　　　　　　　　　　　　图 6-115

6.5.2 建立渐变网格

1. 使用网格工具 ▦ 建立渐变网格

使用"椭圆"工具 ◎ 绘制一个椭圆形，并保持其被选取状态，如图 6-116 所示。选择"网格"工具 ▦，在椭圆形中单击，将椭圆形建立为渐变网格对象，在椭圆形中增加了横竖两条线交叉形成的网格，如图 6-117 所示。继续在椭圆形中单击，可以增加新的网格，效果如图 6-118 所示。

图 6-116   图 6-117   图 6-118

在网格中横竖两条线交叉形成的点就是网格点，而横、竖线就是网格线。

2. 使用"创建渐变网格"命令创建渐变网格

使用"椭圆"工具 ◎ 绘制一个椭圆形，并保持其被选取状态，如图 6-119 所示。选择"对象 > 创建渐变网格"命令，弹出"创建渐变网格"对话框，如图 6-120 所示。设置数值后，单击"确定"按钮，可以为图形创建渐变网格的填充，效果如图 6-121 所示。

图 6-119   图 6-120   图 6-121

在"创建渐变网格"对话框中，"行数"选项的数值框中可以输入水平方向网格线的行数；"列数"选项的数值框中可以输入垂直方向网络线的列数；在"外观"选项的下拉列表中，可以选择创建渐变网格后图形高光部位的表现方式，有平淡色、至中心、至边缘 3 种方式可以选择；在"高光"选项的数值框中可以设置高光处的强度，当数值为 0 时，图形没有高光点，而是均匀的颜色填充。

6.5.3 编辑渐变网格

1. 添加网格点

使用"椭圆"工具 ◎ 绘制并填充椭圆形，如图 6-122 所示。选择"网格"工具 ▦ 在椭圆形中单击，建立渐变网格对象，如图 6-123 所示。在椭圆形中的其他位置再次单击，可以添加网格点，如图 6-124 所示，同时添加了网格线。在网格线上再次单击，可以继续添加网格点，如图 6-125 所示。

2. 删除网格点

使用"网格"工具 ▦ 或"直接选择"工具 ▸ 单击选中网格点，如图 6-126 所示。按住 Alt 键的同时单击网格点，即可将网格点删除，效果如图 6-127 所示。

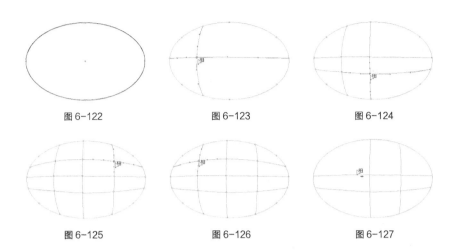

图 6-122　　　　　　　图 6-123　　　　　　　图 6-124

图 6-125　　　　　　　图 6-126　　　　　　　图 6-127

3. 编辑网格颜色

使用"直接选择"工具 单击选中网格点，如图 6-128 所示。在"色板"控制面板中单击需要的颜色块，如图 6-129 所示。可以为网格点填充颜色，效果如图 6-130 所示。

图 6-128　　　　　　　图 6-129　　　　　　　图 6-130

使用"直接选择"工具 单击选中网格，如图 6-131 所示。在"色板"控制面板中单击需要的颜色块，如图 6-132 所示。可以为网格填充颜色，效果如图 6-133 所示。

图 6-131　　　　　　　图 6-132　　　　　　　图 6-133

使用"网格"工具 在网格点上单击并按住鼠标左键拖曳网格点，可以移动网格点，效果如图 6-134 所示。拖曳网格点的控制手柄可以调节网格线，效果如图 6-135 所示。渐变网格的填色效果如图 6-136 所示。

图 6-134　　　　　　　图 6-135　　　　　　　图 6-136

6.6 编辑描边

描边其实就是对象的描边线，对描边进行填充时，还可以对其进行一定的设置，如更改描边的形状、粗细及设置为虚线描边等。

6.6.1 使用"描边"控制面板

选择"窗口 > 描边"命令（组合键为 Ctrl+F10），弹出"描边"控制面板，如图 6-137 所示。"描边"控制面板主要用来设置对象的描边属性，例如，粗细、形状等。

在"描边"控制面板中，"粗细"选项设置描边的宽度。"端点"选项组指定描边各线段的首端和尾端的形状样式，它有平头端点、圆头端点和方头端点 3 种不同的端点样式。"边角"选项组指定一段描边的拐点，即描边的拐角形状，它有 3 种不同的拐角接合形式，分别为斜接连接、圆角连接和斜角连接。"限制"选项设置斜角的长度，它将决定描边沿路径改变方向时伸展的长度。"对齐描边"选项组用于设置描边于路径的对齐方式，分别为使描边居中对齐、使描边内侧对齐和使描边外侧对齐。勾选"虚线"复选项可以创建描边的虚线效果。

图 6-137

6.6.2 设置描边的粗细

当需要设置描边的宽度时，要用到"粗细"选项，可以在其下拉列表中选择合适的粗细，也可以直接输入合适的数值。

单击工具箱下方的描边按钮，使用"星形"工具绘制一个星形并保持其被选取状态，效果如图 6-138 所示。在"描边"控制面板中的"粗细"选项的下拉列表中选择需要的描边粗细值，或直接输入合适的数值。本例设置的粗细数值为 30pt，如图 6-139 所示。星形的描边粗细被改变，效果如图 6-140 所示。

图 6-138   图 6-139   图 6-140

当要更改描边的单位时，可选择"编辑 > 首选项 > 单位"命令，弹出"首选项"对话框，如图 6-141 所示。可以在"描边"选项的下拉列表中选择需要的描边单位。

图 6-141

6.6.3　设置描边的填充

保持星形为被选取的状态，效果如图 6-142 所示。在"色板"控制面板中单击选取所需的填充样本，对象描边的填充效果如图 6-143 所示。

不能使用渐变填充样本对描边进行填充。

图 6-142

图 6-143

保持星形被选取的状态，效果如图 6-144 所示。在"颜色"控制面板中调配所需的颜色，如图 6-145 所示。或双击工具箱下方的"描边填充"按钮，弹出"拾色器"对话框，如图 6-146 所示。在对话框中可以调配所需的颜色，对象描边的颜色填充效果如图 6-147 所示。

图 6-144

图 6-145

图 6-146

图 6-147

6.6.4 编辑描边的样式

1. 设置"限制"选项

"斜接限制"选项可以设置描边沿路径改变方向时的伸展长度。可以在其下拉列表中选择所需的数值，也可以在数值框中直接输入合适的数值，分别将"限制"选项设置为 2 和 20 时的对象描边，效果如图 6-148 所示。

图 6-148

2. 设置"端点"和"边角"选项

端点是指一段描边的首端和末端，可以为描边的首端和末端选择不同的端点样式来改变描边端点的形状。使用"钢笔"工具 绘制一段描边，单击"描边"控制面板中的 3 个不同端点样式的按钮 ，选定的端点样式会应用到选定的描边中，如图 6-149 所示。

平头端点　　　　　　圆头端点　　　　　　方头端点

图 6-149

边角是指一段描边的拐点，边角样式就是指描边拐角处的形状。该选项有斜接连接、圆角连接和斜角连接 3 种不同的转角接合样式。绘制多边形的描边，单击"描边"控制面板中的 3 个不同转角接合样式按钮 ，选定的转角接合样式会应用到选定的描边中，如图 6-150 所示。

斜接连接　　　　　　圆角连接　　　　　　斜角连接

图 6-150

3. 设置"虚线"选项

虚线选项里包括 6 个数值框，勾选"虚线"复选项，数值框被激活，第一个数值框默认的虚线值为 2pt，如图 6-151 所示。

"虚线"选项用来设定每一段虚线段的长度，数值框中输入的数值越大，虚线的长度就越长，反之虚线的长度就越短。设置不同虚线长度值的描边效果如图 6-152 所示。

"间隙"选项用来设定虚线段之间的距离，输入的数值越大，虚线段之间的距离越大，反之虚线段之间的距离就越小。设置不同虚线间隙的描边效果如图 6-153 所示。

图 6-151

图 6-152　　　　　　　　　　　　　　　　图 6-153

4. 设置"箭头"选项

在"描边"控制面板中有两个可供选择的下拉列表按钮 箭头: ▬▼ ▬▼，左侧的是"起点的箭头"
▬▼，右侧的是"终点的箭头" ▬▼。选中要添加箭头的曲线，如图 6-154 所示。单击"起始箭头"
按钮 ▬▼，弹出"起始箭头"下拉列表框，单击需要的箭头样式，如图 6-155 所示。曲线的起始点会出
现选择的箭头，效果如图 6-156 所示。单击"终点的箭头"按钮 ▬▼，弹出"终点的箭头"下拉列表框，
单击需要的箭头样式，如图 6-157 所示。曲线的终点会出现选择的箭头，效果如图 6-158 所示。

图 6-154　　　　　　　　　图 6-155　　　　　　　　　图 6-156

图 6-157　　　　　　　　　图 6-158

"互换箭头起始处和结束处"按钮 ⇄ 可以互换起始箭头和终点箭头。选中曲线，如图 6-159 所示。在
"描边"控制面板中单击"互换箭头起始处和结束处"按钮 ⇄，如图 6-160 所示，效果如图 6-161 所示。

图 6-159　　　　　　　　　图 6-160　　　　　　　　　图 6-161

在"缩放"选项中，左侧的是"箭头起始处的缩放因子"按钮 ⬍100%，右侧的是"箭头结束处的缩放
因子"按钮 ⬍100%，设置需要的数值，可以缩放曲线的起始箭头和结束箭头的大小。选中要缩放的曲线，
如图 6-162 所示。单击"箭头起始处的缩放因子"按钮 ⬍100%，将"箭头起始处的缩放因子"设置为 200，
如图 6-163 所示，效果如图 6-164 所示。单击"箭头结束处的缩放因子"按钮 ⬍100%，将"箭头结束处的
缩放因子"设置为 200，效果如图 6-165 所示。

单击"缩放"选项右侧的"链接箭头起始处和结束处缩放"按钮 ⊙，可以同时改变起始箭头和结束箭
头的大小。

| 图6-162 | 图6-163 | 图6-164 | 图6-165 |

在"对齐"选项中，左侧的是"将箭头提示扩展到路径终点外"按钮 ⇥，右侧的是"将箭头提示放置于路径终点处"按钮 ⇥，这两个按钮分别可以设置箭头在终点以外和箭头在终点处。选中曲线，如图6-166所示。单击"将箭头提示扩展到路径终点外"按钮 ⇥，如图6-167所示，效果如图6-168所示。单击"将箭头提示放置于路径终点处"按钮 ⇥，箭头在终点处显示，效果如图6-169所示。

| 图6-166 | 图6-167 | 图6-168 | 图6-169 |

在"配置文件"选项中，单击"变量宽度配置文件"按钮 ——— 等比 ▾，弹出宽度配置文件下拉列表，如图6-170所示。在下拉列表中选中任意一个宽度配置文件可以改变曲线描边的形状。选中曲线，如图6-171所示。单击"变量宽度配置文件"按钮 ——— 等比 ▾，在弹出的下拉列表中选中任意一个宽度配置文件，如图6-172所示，效果如图6-173所示。

| 图6-170 | 图6-171 | 图6-172 | 图6-173 |

在"配置文件"选项右侧有两个按钮分别是"纵向翻转"按钮 和"横向翻转"按钮。选中"纵向翻转"按钮，可以改变曲线描边的左右位置。"横向翻转"按钮可以改变曲线描边的上下位置。

6.7 使用符号

符号是一种能存储在"符号"控制面板中，并且在一个插图中可以多次重复使用的对象。Illustrator CC提供了"符号"控制面板，专门用来创建、存储和编辑符号。

当需要在一个插图中多次制作同样的对象，并需要对对象进行多次类似的编辑操作时，可以使用符号来完成。这样，可以大大提高效率，节省时间。例如，在一个网站设计中多次应用到一个按钮的图样，这时就可以将这个按钮的图样定义为符号范例，这样可以对按钮符号进行多次重复使用。利用符号体系工具组中的相应工具可以对符号范例进行各种编辑操作。默认设置下的"符号"控制面板如图6-174所示。

在插图中如果应用了符号集合，那么当使用选择工具选取符号范例时，则把整个符号集合同时选中。此时被选中的符号集合只能被移动，而不能被编辑。图6-175所示为应用到插图中的符号范例与符号集合。

图 6-174 图 6-175

在 Illustrator CC 中的各种对象, 如普通的图形、文本对象、复合路径、渐变网格等均可以被定义为符号。

6.7.1 课堂案例——制作贺卡

⊕ **案例学习目标**

学习使用符号面板制作贺卡。

⊕ **案例知识要点**

使用庆祝面板和自然界面板添加符号图形。使用透明度面板改变图像的混合模式。使用画笔定义和直线工具添加装饰图形。使用文字工具添加文字。效果如图 6-176 所示。

⊕ **效果所在位置**

资源包/Ch06/效果/制作贺卡.ai。

图 6-176

制作贺卡

STEP ⭢1 按 Ctrl+N 组合键, 新建一个文档, 宽度为 210mm, 高度为 143mm, 取向为横向, 颜色模式为 CMYK, 单击 "确定" 按钮。

STEP ⭢2 选择 "矩形" 工具▣, 在适当的位置绘制与页面大小相等的矩形, 设置图形填充色的 C、M、Y、K 值分别为 2、58、47、0, 填充图形, 并设置描边色为无, 效果如图 6-177 所示。

STEP ⭢3 选择 "矩形" 工具▣, 在适当的位置绘制与页面大小相等的矩形, 设置图形填充色为无, 效果如图 6-178

图 6-177

所示。设置描边色的 C、M、Y、K 值分别为 17、0、7、0，描边粗细为 1pt，在属性栏中选择合适的画笔定义，如图 6-179 所示，效果如图 6-180 所示。

图 6-178 　　　　　　　　　　图 6-179 　　　　　　　　　　图 6-180

STEP 4 选择"窗口 > 符号库 > 庆祝"命令，弹出"庆祝"面板，选取需要的符号，如图 6-181 所示。拖曳符号到页面适当的位置并调整其大小，效果如图 6-182 所示。

图 6-181 　　　　　　　　　　　　图 6-182

STEP 5 选择"对象 > 变换 > 对称"命令，在弹出的"镜像"对话框中进行设置，如图 6-183 所示。单击"复制"按钮，效果如图 6-184 所示。选择"选择"工具，拖曳复制的图形到适当的位置，如图 6-185 所示。

STEP 6 选择"选择"工具，按住 Alt 键的同时，拖曳图形到适当的位置，复制图形并调整图形大小，效果如图 6-186 所示。

图 6-183 　　　　　　　　　　　　图 6-184

图 6-185

图 6-186

STEP 7 选择"文字"工具 T，在页面中适当的位置输入需要的文字，选择"选择"工具 ↖，在属性栏中选择合适的字体并设置适当的文字大小，设置文字填充色为白色，填充文字，效果如图 6-187 所示。用相同方法添加其他文字，并填充文字为白色，效果如图 6-188 所示。

图 6-187

图 6-188

STEP 8 选择"直线段"工具 ╱，在适当的位置绘制直线，设置描边色为白色，在属性栏将"描边粗细"选项设为 1pt，效果如图 6-189 所示。用相同方法绘制其他直线，效果如图 6-190 所示。

图 6-189

图 6-190

STEP 9 选择"窗口 > 符号库 > 自然"命令，弹出"自然"面板，选取需要的符号，如图 6-191 所示。拖曳符号到页面适当的位置并调整其大小，效果如图 6-192 所示。

STEP 10 选择"文件 > 置入"命令，弹出"置入"对话框，选择资源包中的"Ch06 > 素材 > 制作贺卡 > 01"文件，单击"置入"按钮，将图片置入到页面中，单击属性栏中的"嵌入"按钮，嵌入图片。选

图 6-191

择"选择"工具 ◤，拖曳图片到适当的位置，效果如图 6-193 所示。

| 图 6-192 | 图 6-193 |

STEP 11 选择"窗口 > 透明度"命令，弹出"透明度"控制面板，将混合模式设为"正片叠底"，如图 6-194 所示，效果如图 6-195 所示。贺卡制作完成。

图 6-194

图 6-195

6.7.2 "符号"控制面板

"符号"控制面板具有创建、编辑和存储符号的功能。单击控制面板右上方的图标 ，弹出其下拉菜单，如图 6-196 所示。

图 6-196

在"符号"控制面板下边有以下 6 个按钮。

● "符号库菜单"按钮 ：包括了多种符合库，可以选择调用。

● "置入符号实例"按钮 ：将当前选中的一个符号范例放置在页面的中心。

● "断开符号链接"按钮 ：将添加到插图中的符号范例与"符号"控制面板断开链接。

● "符号选项"按钮 ：单击该按钮可以打开"符号选项"对话框，并进行设置。

● "新建符号"按钮 ：单击该按钮可以将选中的要定义为符号的对象添加到"符号"控制面板中作为符号。

● "删除符号"按钮 ：单击该按钮可以删除"符号"控制面板中被选中的符号。

6.7.3 创建和应用符号

1. 创建符号

单击"新建符号"按钮 ⬜，可以将选中的要定义为符号的对象添加到"符号"控制面板中作为符号。
将选中的对象直接拖曳到"符号"控制面板中也可以创建符号，如图 6-197 所示。

2. 应用符号

在"符号"控制面板中选中需要的符号，直接将其拖曳到当前插图中，得到一个符号范例，如图 6-198
所示。

图 6-197　　　　　　　　　　　　　　　　　　　　　　　　图 6-198

选择"符号喷枪"工具 🖌 可以同时创建多个符号范例，并且可以将它们作为一个符号集合。

6.7.4 使用符号工具

Illustrator CC 工具箱的符号工具组中提供了 8 个符号工具，展开的符号工具组如图 6-199 所示。

- "符号喷枪"工具 🖌：创建符号集合，可以将"符号"控制面板中的符号对象应用到插图中。
- "符号移位器"工具 🖌：移动符号范例。
- "符号紧缩器"工具 🖌：对符号范例进行缩紧变形。
- "符号缩放器"工具 🖌：对符号范例进行放大操作。按住 Alt 键，可以对符号范例进行缩小操作。
- "符号旋转器"工具 🖌：对符号范例进行旋转操作。
- "符号着色器"工具 🖌：使用当前颜色为符号范例填色。
- "符号滤色器"工具 🖌：增加符号范例的透明度。按住 Alt 键，可以减小符号范例的透明度。
- "符号样式器"工具 🖌：将当前样式应用到符号范例中。

设置符号工具的属性，双击任意一个符号工具将弹出"符号工具选项"对话框，如图 6-200 所示。

图 6-199　　　　　　　　　　　　　　　图 6-200

- "直径"选项：设置笔刷直径的数值。这时的笔刷指的是选取符号工具后光标的形状。
- "强度"选项：设定拖曳鼠标时，符号范例随鼠标变化的速度，数值越大，被操作的符号范例变化越快。
- "符号组密度"选项：设定符号集合中包含符号范例的密度，数值越大，符号集合所包含的符号范例的数目就越多。
- "显示画笔大小及强度"复选框：勾选该复选框，在使用符号工具时可以看到笔刷，不勾选该复选框则隐藏笔刷。

使用符号工具应用符号的具体操作如下。

选择"符号喷枪"工具 ，光标将变成一个中间有喷壶的圆形，如图 6-201 所示。在"符号"控制面板中选取一种需要的符号对象，如图 6-202 所示。

在页面上按住鼠标左键不放并拖曳光标，符号喷枪工具将沿着拖曳的轨迹喷射出多个符号范例，这些符号范例将组成一个符号集合，如图 6-203 所示。

图 6-201　　　　　　　　　　图 6-202　　　　　　　　　　图 6-203

使用"选择"工具 选中符号集合，再选择"符号移位器"工具 ，将光标移到要移动的符号范例上，按住鼠标左键不放并拖曳光标，在光标之中的符号范例将随其移动，如图 6-204 所示。

使用"选择"工具 选中符号集合，选择"符号紧缩器"工具 ，将光标移到要使用符号紧缩器工具的符号范例上，按住鼠标左键不放并拖曳光标，符号范例被紧缩，如图 6-205 所示。

使用"选择"工具 选中符号集合，选择"符号缩放器"工具 ，将光标移到要调整的符号范例上，按住鼠标左键不放并拖曳光标，在光标之中的符号范例将变大，如图 6-206 所示。按住 Alt 键，则可缩小符号范例。

使用"选择"工具 选中符号集合，选择"符号旋转器"工具 ，将光标移到要旋转的符号范例上，按住鼠标左键不放并拖曳光标，在光标之中的符号范例将发生旋转，如图 6-207 所示。

在"色板"控制面板或"颜色"控制面板中设定一种颜色作为当前色，使用"选择"工具 选中符号集合，选择"符号着色器"工具 ，将光标移到要填充颜色的符号范例上，按住鼠标左键不放并拖曳光标，在光标中的符号范例被填充上当前色，如图 6-208 所示。

图 6-204　　　　图 6-205　　　　图 6-206　　　　图 6-207　　　　图 6-208

　　使用"选择"工具 选中符号集合，选择"符号滤色器"工具 ，将光标移到要改变透明度的符号范例上，按住鼠标左键不放并拖曳光标，在光标中的符号范例的透明度将被增大，如图 6-209 所示。按住 Alt 键，可以减小符号范例的透明度。

　　使用"选择"工具 选中符号集合，选择"符号样式器"工具 ，在"图形样式"控制面板中选中一种样式，将光标移到要改变样式的符号范例上，按住鼠标左键不放并拖曳光标，在光标中的符号范例将被改变样式，如图 6-210 所示。

　　使用"选择"工具 选中符号集合，选择"符号喷枪"工具 ，按住 Alt 键，在要删除的符号范例上按住鼠标左键不放并拖曳光标，光标经过的区域中的符号范例被删除，如图 6-211 所示。

图 6-209　　　　　　　　　图 6-210　　　　　　　　　图 6-211

6.8　课堂练习——绘制播放图标

练习知识要点

　　使用矩形工具和渐变工具绘制背景。使用椭圆工具、渐变工具、路径查找器面板和多边形工具制作播放器图形和按钮。使用圆角矩形和剪切蒙版命令制作圆角图像效果。使用文字工具输入文字。效果如图 6-212 所示。

效果所在位置

　　资源包/Ch06/效果/绘制播放图标.ai。

图 6-212

绘制播放图标

6.9 课后习题——绘制沙滩插画

习题知识要点

使用钢笔工具和渐变工具绘制底图。使用不透明度命令制作曲线的透明效果。使用投影命令为图形添加投影。使用符号库命令添加装饰图形。效果如图6-213所示。

效果所在位置

资源包/Ch06/效果/绘制沙滩插画.ai。

图6-213

绘制沙滩插画

第 7 章
文本的编辑

Illustrator CC 提供了强大的文本编辑和图文混排功能。文本对象和一般图形对象一样可以进行各种变换和编辑，同时还可以通过应用各种外观和样式属性制作出绚丽多彩的文本效果。Illustrator CC 支持多个国家的语言，对于汉字等双字节编码具有竖排功能。

课堂学习目标

- 掌握创建、编辑及格式化文本的方法

- 熟练掌握创建轮廓和图文混排的技巧

- 掌握分栏和链接文本的方法

7.1 创建文本

当准备创建文本时，按住"文字"工具 T 不放，弹出文字展开式工具栏，单击工具栏后面的按钮，可使文字的展开式工具栏从工具箱中分离出来，如图 7-1 所示。

图 7-1

在工具栏中共有 7 种文字工具，前 6 种工具可以输入各种类型的文字，以满足不同的文字处理需要；第 7 种工具可以对文字进行修饰操作。7 种文字工具依次为"文字"工具 T、"区域文字"工具 Ⓣ、"路径文字"工具、"直排文字"工具 ⅠT、"直排区域文字"工具、"直排路径文字"工具、"修饰文字"工具。

文字可以直接输入，也可通过选择"文件 > 置入"命令从外部置入。单击各个文字工具，会显示文字工具对应的光标，如图 7-2 所示。从当前文字工具的光标样式可以知道创建文字对象的样式。

图 7-2

7.1.1 课堂案例——制作名片

案例学习目标

学习使用绘图工具、文字工具、剪切蒙版命令制作名片。

案例知识要点

使用矩形工具制作背景底图。使用椭圆工具、直线工具和剪切蒙版命令绘制图案。使用文字工具添加并编辑文字。使用透明度命令调整图形混合模式和不透明度。名片效果如图 7-3 所示。

效果所在位置

资源包/ Ch07 /效果/制作名片.ai。

图 7-3

制作名片

STEP 1 按 Ctrl+N 组合键，新建一个文档，宽度为 297mm，高度为 210mm，取向为横向，颜色模式为 CMYK，单击"确定"按钮。

STEP 2 选择"矩形"工具 ▣，在适当的位置绘制与页面大小相等的矩形，设置图形填充色的 C、M、Y、K 值分别为 19、8、12、0，填充图形，并设置描边色为无，效果如图 7-4 所示。

STEP 3 选择"直线段"工具 ／，在适当的位置绘制直线，设置描边色的 C、M、Y、K 值分别为 71、0、34、0，在属性栏将"描边粗细"选项设为 1pt，效果如图 7-5 所示。

图 7-4　　　　　　　　　　　　　　　　　图 7-5

STEP 4 选择"对象 > 路径 > 轮廓化描边"命令，效果如图 7-6 所示。选择"选择"工具 ▶，按住 Alt 键的同时，向右上角拖曳直线到适当的位置，复制图形，如图 7-7 所示。连续按 Ctrl+D 组合键，复制出多条直线，效果如图 7-8 所示。选择"椭圆"工具 ◉，按住 Shift 键的同时，在矩形左上方绘制一个圆形，如图 7-9 所示。

图 7-6　　　　　　　　　　　　　　　　图 7-7

图 7-8　　　　　　　　　　　　　图 7-9

STEP 5 选择"选择"工具 ▶，圈选绘制的图形，如图 7-10 所示。选择"对象 > 剪切蒙版 > 建立"命令，效果如图 7-11 所示。用上述方法绘制其他图形，并填充适当的颜色，效果如图 7-12 所示。

图 7-10　　　　　　　　　　图 7-11　　　　　　　　　图 7-12

STEP 6 选择"选择"工具 ▶，圈选绘制的图形，按 Ctrl+G 组合键，将其群组，并拖曳到适当的位置，效果如图 7-13 所示。

STEP 7 选择"矩形"工具 ▣，在适当的位置绘制矩形，设置图形填充色的 C、M、Y、K 值分别为 50、100、100、31，填充图形，并设置描边色为无，效果如图 7-14 所示。

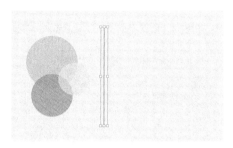

图 7-13　　　　　　　　　　　　　　　　图 7-14

STEP 8 选择"文字"工具 T，在适当的位置拖曳鼠标绘制文本框，输入需要的文字，选择"选择"工具 ▶，在属性栏中选择合适的字体并设置适当的文字大小，效果如图 7-15 所示。选取需要的文字，如图 7-16 所示。在属性栏中选择合适的字体并设置适当的文字大小，设置文字填充色的 C、M、Y、K 值分别为 50、100、100、31，填充文字，效果如图 7-17 所示。用相同的方法分别调整其他的文字，效果如图 7-18 所示。

图 7-15　　　　　　　　　　　　　　　　图 7-16

图 7-17　　　　　　　　　　　　　　　　图 7-18

STEP 9 选择"直线段"工具 ／，在适当的位置绘制直线，设置描边色为白色，在属性栏将"描边粗细"选项设为 1pt，效果如图 7-19 所示。

STEP 10 按 Ctrl+O 组合键，打开资源包中的"Ch07 > 素材 > 制作名片 > 01"文件，选择"选择"工具 ▶，选取需要的图形，拖曳到适当的位置，效果如图 7-20 所示。用相同方法分别拖曳其他图形到适当的位置，并填充适当的颜色，效果如图 7-21 所示。

图 7-19　　　　　　　　　图 7-20　　　　图 7-21

STEP 11 选择"文字"工具 T，在适当的位置拖曳鼠标绘制文本框，输入需要的文字，选择"选择"工具 ▶，在属性栏中选择合适的字体并设置适当的文字大小，设置文字填充色的 C、M、Y、K 值分别为 50、100、100、31，填充文字，效果如图 7-22 所示。

STEP 12 选择"文件 > 置入"命令，弹出"置入"对话框，选择资源包中的"Ch07 > 素材 > 制作名片 > 02"文件，单击"置入"按钮，将图片置入到页面中，单击属性栏中的"嵌入"按钮，嵌入图片。选择"选择"工具 ▶，拖曳图片到适当的位置，效果如图 7-23 所示。

图 7-22　　　　　　　　　　　　图 7-23

STEP 13 选择"窗口 > 透明度"命令，弹出"透明度"控制面板，将混合模式设为"正片叠底"，将"不透明度"选项设为 57%，如图 7-24 所示，效果如图 7-25 所示。名片制作完成。

图 7-24

图 7-25

7.1.2　文本工具的使用

利用"文字"工具 T 和"直排文字"工具 IT 可以直接输入沿水平方向和直排方向排列的文本。

1. 输入点文本

选择"文字"工具 T 或"直排文字"工具 IT，在绘图页面中单击鼠标，出现插入文本光标，切换到需要的输入法并输入文本，如图 7-26 所示。

结束文字的输入后，单击"选择"工具 ▶ 即可选中所输入的文字，这时文字周围将出现一个选择框，文本上的细线是文字基线的位置，效果如图 7-27 所示。

图 7-26　　　　　　　　　　　　　　　　　　　　图 7-27

 提 示

当输入文本需要换行时，按 Enter 键开始新的一行。

2. 输入文本块

使用"文字"工具 T 或"直排文字"工具 IT 可以绘制一个文本框，然后在文本框中输入文字。

选择"文字"工具 T 或"直排文字"工具 IT，在页面中需要输入文字的位置单击并按住鼠标左键拖曳，如图 7-28 所示。当绘制的文本框大小符合需要时，释放鼠标，页面上会出现一个蓝色边框的矩形文本框，矩形文本框左上角会出现插入光标，如图 7-29 所示。

可以在矩形文本框中输入文字，输入的文字将在指定的区域内排列，如图 7-30 所示。当输入的文字到矩形文本框的边界时，文字将自动换行，文本块的效果如图 7-31 所示。

图 7-28　　　　　　　图 7-29　　　　　　　图 7-30　　　　　　　图 7-31

3. 转换点文本和文本块

在 Illustrator CC 中，在文本框的外侧出现转换点，空心状态的转换点 ⊡ 表示当前文本为点文本，实心状态的转换点 ⊡ 表示当前文本为文本块，双击可将点文字转换为文本块，也可将文本块转换为点文本。

选择"选择"工具 ▶，将输入的文本块选取，如图 7-32 所示。将光标置于右侧的转换点上双击，如图 7-33 所示。将文本块转换为点文本，如图 7-34 所示。再次双击，可将点文本转换为文本块，如图 7-35 所示。

图 7-32　　　　　　　　　　　　　　　　　图 7-33

（图片）

图 7-34　　　　　　　　　　　　　　图 7-35

7.1.3　区域文本工具的使用

在 Illustrator CC 中，还可以创建任意形状的文本对象。

绘制一个填充颜色的图形对象，如图 7-36 所示。选择"文字"工具 T 或"区域文字"工具 ⊤，当光标移动到图形对象的边框上时，将变成"❶"形状，如图 7-37 所示。在图形对象上单击，图形对象的填充和描边填充属性被取消，图形对象转换为文本路径，并且在图形对象内出现一个闪烁的插入光标，如图7-38 所示。

图 7-36　　　　　　　　　　图 7-37　　　　　　　　　　图 7-38

在插入光标处输入文字，输入的文本会按水平方向在该对象内排列。如果输入的文字超出了文本路径所能容纳的范围，将出现文本溢出的现象，这时文本路径的右下角会出现一个红色"⊞"号标志的小正方形，效果如图 7-39 所示。

使用"选择"工具 ▶ 选中文本路径，拖曳文本路径周围的控制点来调整文本路径的大小，可以显示所有的文字，效果如图 7-40 所示。

使用"直排文字"工具 ⅠT 或"直排区域文字"工具 ⅠⅡ 与使用"文字"工具 T 的方法是一样的，但"直排文字"工具 ⅠT 或"直排区域文字"工具 ⅠⅡ 在文本路径中创建的是竖排文字，如图 7-41 所示。

图 7-39　　　　　　　　　　图 7-40　　　　　　　　　　图 7-41

7.1.4　路径文本工具的使用

使用"路径文字"工具 ⌒ 和"直排路径文字"工具 ⌒，可以在创建文本时，让文本沿着一个开放或闭合路径的边缘进行水平或垂直方向的排列，路径可以是规则或不规则的。如果使用这两种工具，原来的路径将不再具有填充或描边填充的属性。

1. 创建路径文本

- 沿路径创建水平方向文本

使用"钢笔"工具，在页面上绘制一个任意形状的开放路径，如图 7-42 所示。使用"路径文字"工具，在绘制好的路径上单击，路径将转换为文本路径，文本插入点将位于文本路径的左侧，如图 7-43 所示。

图 7-42   图 7-43

在光标处输入所需要的文字，文字将会沿着路径排列，文字的基线与路径是平行的，效果如图 7-44 所示。

- 沿路径创建垂直方向文本

使用"钢笔"工具，在页面上绘制一个任意形状的开放路径，使用"直排路径文字"工具在绘制好的路径上单击，路径将转换为文本路径，文本插入点将位于文本路径的左侧，如图 7-45 所示。

图 7-44   图 7-45

在光标处输入所需要的文字，文字将会沿着路径排列，文字的基线与路径是直排的，效果如图 7-46 所示。

图 7-46

2. 编辑路径文本

如果对创建的路径文本不满意，可以对其进行编辑。

选择"选择"工具或"直接选择"工具，选取要编辑的路径文本。这时在文本开始处会出现一个"I"形的符号，如图 7-47 所示。

图 7-47

拖曳文字左侧的"I"形符号，可沿路径移动文本，效果如图 7-48 所示。还可以按住"I"形的符号向路径相反的方向拖曳，文本会翻转方向，效果如图 7-49 所示。

图 7-48　　　　　　　　　　　　　　　　　　　　　图 7-49

7.2　编辑文本

在 Illustrator CC 中，可以使用选择工具和菜单命令对文本块进行编辑，也可以使用修饰文本工具对文本框中的文本进行单独编辑。

7.2.1　编辑文本块

通过选择工具和菜单命令可以改变文本框的形状以编辑文本。

使用"选择"工具 单击文本，可以选中文本对象。完全选中的文本块包括内部文字与文本框。文本块被选中的时候，文字中的基线就会显示出来，如图 7-50 所示。

图 7-50

编辑文本之前，必须选中文本。

当文本对象完全被选中后，将其拖动可以移动其位置。选择"对象 > 变换 > 移动"命令，弹出"移动"对话框，可以通过设置数值来精确移动文本对象。

选择"选择"工具 ，单击文本框上的控制点并拖动，可以改变文本框的大小，如图 7-51 所示。释放鼠标，效果如图 7-52 所示。

使用"比例缩放"工具 可以对选中的文本对象进行缩放，如图 7-53 所示。选择"对象 > 变换 > 缩放"命令，弹出"比例缩放"对话框，可以通过设置数值精确缩放文本对象，效果如图 7-54 所示。

图 7-51　　　　　　　图 7-52　　　　　　　图 7-53　　　　　　　图 7-54

编辑部分文字时，先选择"文字"工具 T ，移动光标到文本上，单击插入光标并按住鼠标左键拖曳，即可选中部分文本。选中的文本将反白显示，效果如图 7-55 所示。

使用"选择"工具 在文本区域内双击，进入文本编辑状态。在文本编辑状态下，双击一句话即可选中这句话；按 Ctrl+A 组合键，可以选中整个段落，如图 7-56 所示。

选择"对象 > 路径 > 清理"命令，弹出"清理"对话框，如图 7-57 所示，勾选"空文本路径"复选项可以删除空的文本路径。

图 7-55 图 7-56 图 7-57

提 示

在其他的软件中复制文本，再在 Illustrator CC 中选择"编辑 > 粘贴"命令，可以将其他软件中的文本复制到 Illustrator CC 中。

7.2.2　编辑文字

利用"修饰文字"工具 可以对文本框中的文本进行单独的属性设置和编辑操作。

选择"修饰文字"工具 ，单击选取需要编辑的文字，如图 7-58 所示。在属性栏中设置适当的字体和文字大小，效果如图 7-59 所示。再次单击选取需要的文字，如图 7-60 所示。拖曳右下角的节点调整文字的水平比例，如图 7-61 所示。松开鼠标，效果如图 7-62 所示。拖曳左上角的节点可以调整文字的垂直比例，拖曳右上角的节点可以等比例缩放文字。

图 7-58 图 7-59 图 7-60 图 7-61 图 7-62

再次单击选取需要的文字，如图 7-63 所示。拖曳左下角的节点，可以调整文字的基线偏移，如图 7-64 所示。松开鼠标，效果如图 7-65 所示。将光标置于正上方的空心节点处，光标变为旋转图标，拖曳鼠标，如图 7-66 所示。旋转文字，效果如图 7-67 所示。

图 7-63 图 7-64 图 7-65 图 7-66 图 7-67

7.3　设置字符格式

在 Illustrator CC 中，可以设定字符的格式。这些格式包括文字的字体、字号、颜色和字符间距等。

选择"窗口 > 文字 > 字符"命令（组合键为 Ctrl+T），弹出"字符"控制面板，如图 7-68 所示。

字体选项：单击选项文本框右侧的按钮 ▼ ，可以从弹出的下拉列表中选择一种需要的字体。

"设置字体大小"选项 🆃 ：用于控制文本的大小，单击数值框左侧的上、下微调按钮 ↕ ，可以逐级调整字号大小的数值。

"设置行距"选项 🆃ᴬ ：用于控制文本的行距，定义文本中行与行之间的距离。

"水平缩放"选项 🆃 ：可以使文字的纵向大小保持不变，横向被缩放，缩放比例小于 100% 表示文字被压扁，大于 100% 表示文字被拉伸。

"垂直缩放"选项 🆃 ：可以使文字尺寸横向保持不变，纵向被缩放，缩放比例小于 100% 表示文字被压扁，大于 100% 表示文字被拉长。

图 7-68

"设置两个字符间的字距微调"选项 ⱽᴬ ：用于调整字符之间的水平间距。输入正值时，字距变大，输入负值时，字距变小。

"设置所选字符的字符调整"选项 ⱽᴬ ：用于细微地调整字符与字符之间的距离。

"设置基线偏移"选项 ᴬ⌂ ：用于调节文字的上下位置。可以通过此项设置为文字制作上标或下标。正值时表示文字上移，负值时表示文字下移。

"字符旋转"选项 🆃 ：用于设置字符的旋转角度。

7.3.1　课堂案例——制作展览招贴

⊕ **案例学习目标**

学习使用文字工具和字符命令制作展览招贴。

⊕ **案例知识要点**

使用置入命令制作招贴背景。使用文字工具和字符面板添加文字。使用自由扭曲命令制作文字的扭曲效果。展览招贴效果如图 7-69 所示。

⊕ **效果所在位置**

资源包/Ch07/效果/制作展览招贴.ai。

图 7-69

制作展览招贴

STEP📖1 按 Ctrl+N 组合键，新建一个文档，宽度为 210mm，高度为 305mm，取向为竖向，颜色模式为 CMYK，单击"确定"按钮。

STEP📖2 选择"文件 > 置入"命令，弹出"置入"对话框，选择资源包中的"Ch07 > 素材 > 制

作展览招贴 > 01"文件，单击"置入"按钮，将图片置入到页面中，单击属性栏中的"嵌入"按钮，嵌入图片。选择"选择"工具 ⬚，拖曳图片到适当的位置，效果如图 7-70 所示。

STEP ⬚3 选择"文字"工具 T，在页面中适当的位置输入需要的文字，选择"选择"工具 ⬚，在属性栏中选择合适的字体并设置适当的文字大小，设置文字填充色的 C、M、Y、K 值分别为 22、99、99、0，填充文字，效果如图 7-71 所示。

图 7-70   图 7-71

STEP ⬚4 按 Ctrl+T 组合键，弹出"字符"面板，设置所选文字的字距为-60，设置如图 7-72 所示，文字效果如图 7-73 所示。

图 7-72   图 7-73

STEP ⬚5 选择"文字"工具 T，在页面中适当的位置输入需要的文字，选择"选择"工具 ⬚，在属性栏中选择合适的字体并设置适当的文字大小，设置文字填充色的 C、M、Y、K 值分别为 22、99、99、0，填充文字，效果如图 7-74 所示。用相同的方法添加其他文字，并设置合适的字体和文字大小，效果如图 7-75 所示。

图 7-74   图 7-75

STEP ⬚6 选择"文字"工具 T，选取需要的文字，如图 7-76 所示。在属性栏中选择合适的字体并设置适当的文字大小，效果如图 7-77 所示。在"字符"面板中设置所选文字的字距为-140，设置如图

7-78 所示，文字效果如图 7-79 所示。用相同方法添加其他文字，文字效果如图 7-80 所示。

图 7-76

图 7-77

图 7-78

图 7-79

图 7-80

STEP 7 选择"文字"工具 T，在页面中适当的位置输入需要的文字，选择"选择"工具 ，在属性栏中选择合适的字体，并设置适当的文字大小，设置文字填充色的 C、M、Y、K 值分别为 22、99、99、0，填充文字，效果如图 7-81 所示。在"字符"面板中设置所选文字的水平缩放为 64%，字距为-100，设置如图 7-82 所示，文字效果如图 7-83 所示。

图 7-81

图 7-82

图 7-83

STEP 8 选择"文字"工具 T，在页面中适当的位置输入需要的文字，选择"选择"工具 ，在属性栏中选择合适的字体并设置适当的文字大小，效果如图 7-84 所示。在"字符"面板中设置所选文字的水平缩放为 145%，字距为 140，设置如图 7-85 所示，文字效果如图 7-86 所示。用相同方法添加其他文字，并设置文字字距，效果如图 7-87 所示。

图 7-84　　　　　　图 7-85　　　　　　图 7-86　　　　　　图 7-87

STEP 9 选择"文字"工具 T ，在页面中适当的位置输入需要的文字，选择"选择"工具 ，在属性栏中选择合适的字体并设置适当的文字大小，设置文字填充色为白色，填充文字，效果如图 7-88 所示。在"字符"面板中设置所选文字的字距为−80，设置如图 7-89 所示，文字效果如图 7-90 所示。用相同方法添加其他文字，并设置文字字距，效果如图 7-91 所示。

图 7-88　　　　　　图 7-89　　　　　　图 7-90　　　　　　图 7-91

STEP 10 选择"滤镜 > 扭曲和变换 > 自由变换"命令，弹出"自由扭曲"对话框，编辑各个节点到适当的位置，如图 7-92 所示。单击"确定"按钮，文字的变形效果如图 7-93 所示。用相同方法添加其他文字，并填充适当的颜色，效果如图 7-94 所示。

图 7-92　　　　　　　　　　图 7-93　　　　　　　　　图 7-94

STEP 11 选择"文字"工具 T，在页面中适当的位置输入需要的文字。选择"选择"工具，在属性栏中选择合适的字体并设置适当的文字大小，设置文字填充色为白色，填充文字，效果如图 7-95 所示。展览招贴制作完成，效果如图 7-96 所示。

图 7-95

图 7-96

7.3.2　设置字体和字号

选择"字符"控制面板，在"字体"选项的下拉列表中选择一种字体，即可将该字体应用到选中的文字中，各种字体的效果如图 7-97 所示。

Illustrator CC 提供的每种字体都有一定的字形，如常规、加粗和斜体等，字体的具体选项因字而定。

Illustrator　*Illustrator*　**Illustrator**
　　文鼎齿轮体　　　　　　文鼎弹簧体　　　　　文鼎花瓣体

Illustrator　**Illustrator**　Illustrator
　　Arial　　　　　　　Arial Black　　　　　ITC Garamon

图 7-97

提示

默认字体单位为pt，72pt 相当于 1 英寸。默认状态下字号为12pt，可调整的范围为0.1 ~ 1296。

设置字体的具体操作如下。

选中部分文本，如图 7-98 所示。选择"窗口 > 文字 > 字符"命令，弹出"字符"控制面板，从"字体"选项的下拉列表中选择一种字体，如图 7-99 所示；或选择"文字 > 字体"命令，在列出的字体中进行选择，更改文本字体后的效果如图 7-100 所示。

选中文本，单击"字体大小"选项 T ⬍ 12 pt ▼ 数值框后的按钮▼，在弹出的下拉列表中可以选择适合的字体大小；也可以通过数值框左侧的上、下微调按钮⬍来调整字号大小。文本字号分别为 18pt 和 22pt 时的效果如图 7-101 和图 7-102 所示。

半亩方塘一鉴开，
天光云影共徘徊。
问渠哪得清如许，
为有源头活水来。

图 7-98

图 7-99

图 7-100

图 7-101

图 7-102

7.3.3 调整字距

当需要调整文字或字符之间的距离时，可使用"字符"控制面板中的两个选项，即"设置两个字符间的字距微整"选项 VA 和"设置所选字符的字距调整"选项 VA。"设置两个字符间的字距微整"选项 VA 用来控制两个文字或字母之间的距离。"设置所选字符的字距调整"选项 VA 可使两个或更多个被选择的文字或字母之间保持相同的距离。

选中要设定字距的文字，如图 7-103 所示。在"字符"控制面板中的"设置两个字符间的字距微整"选项 VA 的下拉列表中选择"自动"选项，这时程序就会以最合适的参数值设置选中文字的距离。

图 7-103

 提示

在"特殊字距"选项的数值框中键入 0 时，将关闭自动调整文字距离的功能。

将光标插入到需要调整间距的两个文字或字符之间，如图 7-104 所示。在"设置两个字符间的字距微整"选项 VA 的数值框中输入所需要的数值，就可以调整两个文字或字符之间的距离。设置数值为 300，按 Enter 键确认，字距效果如图 7-105 所示。设置数值为-300，按 Enter 键确认，字距效果如图 7-106 所示。

半宙方塘一鉴开　　　半宙方塘一　鉴开　　　半宙方塘一鉴开

图 7-104　　　　　　　　　　　图 7-105　　　　　　　　　　　图 7-106

选中整个文本对象，如图 7-107 所示。在"设置所选字符的字距调整"选项 🗹 的数值框中输入所需要的数值，可以调整文本字符间的距离。设置数值为 200，按 Enter 键确认，字距效果如图 7-108 所示。设置数值为-200，按 Enter 键确认，字距效果如图 7-109 所示。

半宙方塘一鉴开　　　半 宙 方 塘 一 鉴 开　　　半宙方塘一鉴开

图 7-107　　　　　　　　　　　图 7-108　　　　　　　　　　　图 7-109

7.3.4　设置行距

行距是指文本中行与行之间的距离。如果没有自定义行距值，系统将使用自动行距，这时系统将以最适合的参数设置行间距。

选中文本，如图 7-110 所示。在"字符"控制面板中的"行距"选项 🗛 数值框中输入所需要的数值，可以调整行与行之间的距离。设置"行距"数值为 36，按 Enter 键确认，行距效果如图 7-111 所示。

图 7-110　　　　　　　　　　　　　图 7-111

7.3.5　水平或垂直缩放

当改变文本的字号时，它的高度和宽度将同时发生改变，而利用"垂直缩放"选项 �🅣 或"水平缩放"选项 ⊤ 可以单独改变文本的高度和宽度。

默认状态下，对于横排的文本，"垂直缩放"选项 �🅣 保持文字的宽度不变，只改变文字的高度，"水平缩放"选项 ⊤ 将在保持文字高度不变的情况下，改变文字宽度；对于竖排的文本，会产生相反的效果，即"垂直缩放"选项 �🅣 改变文本的宽度，"水平缩放"选项 ⊤ 改变文本的高度。

选中文本，如图 7-112 所示。文本为默认状态下的效果。在"垂直缩放"选项 �🅣 数值框内设置数值为 175%，按 Enter 键确认，文字的垂直缩放效果如图 7-113 所示。

在"水平缩放"选项 ⊤ 数值框内设置数值为 175%，按 Enter 键确认，文字的水平缩放效果如图 7-114 所示。

半宙方塘一鉴开　　　半宙方塘一鉴开　　　半 宙 方 塘 一 鉴 开

图 7-112　　　　　　　　　　　图 7-113　　　　　　　　　　　图 7-114

7.3.6　基线偏移

基线偏移就是改变文字与基线的距离，从而提高或降低被选中文字相对于其他文字的排列位置，达到突出显示的目的。使用"基线偏移"选项A可以创建上标或下标，或在不改变文本方向的情况下，更改路径文本在路径上的排列位置。

如果"基线偏移"选项A在"字符"控制面板中是隐藏的，可以从"字符"控制面板的弹出式菜单中选择"显示选项"命令，如图 7-115 所示。显示出"基线偏移"选项A，如图 7-116 所示。

图 7-115　　　　　　　　　　图 7-116

设置"基线偏移"选项A可以改变文本在路径上的位置。文本在路径的外侧时选中文本，如图 7-117 所示。在"基线偏移"选项A的数值框中设置数值为-30，按 Enter 键确认，文本移动到路径的内侧，效果如图 7-118 所示。

图 7-117　　　　　　　　　　图 7-118

通过设置"基线偏移"选项A，还可以制作出有上标和下标显示的数学题。输入需要的数值，如图 7-119 所示。将表示平方的字符"2"选中并使用较小的字号，如图 7-120 所示。再在"基线偏移"选项A的数值框中设置数值为 28，按 Enter 键确认，平方的字符制作完成，如图 7-121 所示。使用相同的方法就可以制作出数学题，效果如图 7-122 所示。

图 7-119　　　　　　　　　　图 7-120

$2^2 + 52 = 29$

图 7-121　　　　　　　　　　图 7-122

若要取消"基线偏移"的效果，选择相应的文本后，在"基线偏移"选项的数值框中设置数值为 0 即可。

7.3.7 文本的颜色和变换

Illustrator CC 中的文字和图形一样，具有填充和描边属性。文字在默认设置状态下，描边颜色为无色，填充颜色为黑色。

使用工具箱中的"填色"或"描边"按钮，可以将文字设置在填充或描边状态。使用"颜色"控制面板可以填充或更改文本的填充颜色或描边颜色。使用"色板"控制面板中的颜色和图案可以为文字上色和填充图案。

 提 示

在对文本进行轮廓化处理前，渐变的效果不能应用到文字上。

选中文本，在工具箱中单击"填色"按钮，如图 7-123 所示。在"色板"控制面板中单击需要的颜色，如图 7-124 所示，文字的颜色填充效果如图 7-125 所示。在"色板"控制面板中单击需要的图案，如图 7-126 所示，文字的图案填充效果如图 7-127 所示。

图 7-123   图 7-124   图 7-125

图 7-126   图 7-127

选中文本，在工具箱中单击"描边"按钮，在"描边"控制面板中设置描边的宽度，如图 7-128 所示，文字的描边效果如图 7-129 所示。在"色板"控制面板中单击需要的图案，如图 7-130 所示，文字描边的图案填充效果如图 7-131 所示。

图 7-128   图 7-129   图 7-130   图 7-131

选择"对象 > 变换"命令或"变换"工具，可以对文本进行变换。选中要变换的文本，再利用各种变换工具对文本进行旋转、对称、缩放和倾斜等变换操作。将文本进行倾斜，效果如图 7-132 所示。旋转效果如图 7-133 所示。对称效果如图 7-134 所示。

图 7-132

图 7-133

图 7-134

7.4 设置段落格式

"段落"控制面板提供了文本对齐、段落缩进、段落间距及制表符等设置，可用于处理较长的文本。选择"窗口 > 文字 > 段落"命令（组合键为 Alt+Ctrl+T），弹出"段落"控制面板，如图 7-135 所示。

图 7-135

7.4.1 文本对齐

文本对齐是指所有的文字在段落中按一定的标准有序地排列。Illustrator CC 提供了 7 种文本对齐的方式，分别为"左对齐"、"居中对齐"、"右对齐"、"两端对齐末行左对齐"、"两端对齐末行居中对齐"、"两端对齐末行右对齐"和"全部两端对齐"。

选中要对齐的段落文本，单击"段落"控制面板中的各个对齐方式按钮，应用不同对齐方式的段落文本效果如图 7-136 所示。

左对齐

居中对齐

右对齐

两端对齐末行左对齐

两端对齐末行居中对齐

两端对齐末行右对齐

全部两端对齐

图 7-136

7.4.2　段落缩进

段落缩进是指在一个段落文本开始时需要空出的字符位置。选定的段落文本可以是文本块、区域文本或文本路径。段落缩进有 5 种方式："左缩进" ⬚、"右缩进" ⬚、"首行左缩进" ⬚、"段前间距" ⬚和"段后间距" ⬚。

选中段落文本，单击"左缩进"图标⬚或"右缩进"图标⬚，在缩进数值框内输入合适的数值。单击"左缩进"图标或"右缩进"图标右边的上下微调按钮⬚，一次可以调整 1pt。在缩进数值框内输入正值时，表示文本框和文本之间的距离拉开；输入负值时，表示文本框和文本之间的距离缩小。

单击"首行左缩进"图标⬚，在第一行左缩进数值框内输入数值可以设置首行缩进后空出的字符位置。应用"段前间距"图标⬚和"段后间距"图标⬚，可以设置段落间的距离。

选中要缩进的段落文本，单击"段落"控制面板中的各个缩进方式按钮，应用不同缩进方式的段落文本效果如图 7-137 所示。

左缩进　　　　　　　右缩进　　　　　　　首行左缩进

段前间距　　　　　　段后间距

图 7-137

7.5　将文本转化为轮廓

在 Illustrator CC 中，将文本转化为轮廓后，可以像对其他图形对象一样进行编辑和操作。通过这种方式，可以创建多种特殊文字效果。

7.5.1　课堂案例——制作咖啡馆标签

案例学习目标

学习使用绘图工具、文字工具和创建轮廓命令咖啡馆标签。

案例知识要点

使用星形工具、剪刀工具和投影命令绘制标签背景。使用镜像命令调整图形位置。使用文字工具输入文字。使用创建轮廓命令将文字转换为轮廓路径。使用直线工具绘制直线。效果如图 7-138 所示。

⊕ 效果所在位置

资源包/Ch07/效果/制作咖啡馆标签.ai。

图 7-138

制作咖啡馆标签

STEP 1 按 Ctrl+N 组合键，新建一个文档，宽度为 180mm，高度为 180mm，取向为竖向，颜色模式为 CMYK，单击"确定"按钮。

STEP 2 选择"星形"工具☆，在页面中的适当位置单击，弹出"星形"对话框，选项的设置如图 7-139 所示。单击"确定"按钮，效果如图 7-140 所示。选择"选择"工具 ▶，选取图形，设置图形填充色的 C、M、Y、K 值分别为 72、11、65、0，填充图形，并设置描边色为无，效果如图 7-141 所示。

图 7-139

图 7-140

图 7-141

STEP 3 选择"剪刀"工具✂，在图形右下角的适当位置单击，如图 7-142 所示。在另一个位置单击，剪切图形，如图 7-143 所示。

图 7-142

图 7-143

STEP 4 选择"选择"工具 ▶，选取需要的图形，选择"效果 > 风格化 > 投影"命令，在弹出的对话框中进行设置，如图 7-144 所示。单击"确定"按钮，效果如图 7-145 所示。

STEP 5 选择"选择"工具 ▶，选取需要的图形，如图 7-146 所示。选择"对象 > 排列 > 对称"命令，弹出"镜像"对话框，选项的设置如图 7-147 所示。单击"确定"按钮，效果如图 7-148 所示。

图 7-144

图 7-145

图 7-146

图 7-147

图 7-148

STEP 6 双击"渐变"工具 ▣，弹出"渐变"控制面板，在色带上设置两个渐变滑块，分别将渐变滑块的位置设为 0、100，并设置 C、M、Y、K 的值分别是 0（0、0、0、6）、100（0、0、0、60）；其他选项的设置如图 7-149 所示。图形被填充为渐变色，并设置描边色为无，效果如图 7-150 所示。

图 7-149

图 7-150

STEP 7 选择"效果 > 风格化 > 投影"命令，弹出"投影"对话框，选项的设置如图 7-151 所示。单击"确定"按钮，效果如图 7-152 所示。

STEP 8 选择"文字"工具 T，在页面中适当的位置输入需要的文字，选择"选择"工具 ▶，在属性栏中选择合适的字体并设置适当的文字大小，设置文字填充色的 C、M、Y、K 值分别为 14、7、65、0，填充文字，效果如图 7-153 所示。按 Ctrl+T 组合键，弹出"字符"面板，设置所选文字的字距为-25，设置如图 7-154 所示，文字效果如图 7-155 所示。

图 7-151

图 7-152

图 7-153

图 7-154

图 7-155

STEP 9 选择"文字 > 创建轮廓"命令，将文字转换为轮廓，效果如图 7-156 所示。选择"对象 > 取消编组"命令，取消文字的编组。

STEP 10 选择"直接选择"工具，选取需要的节点并将其向上拖曳到适当的位置，如图 7-157 所示。单击属性栏中的"将所选锚点转换为平滑"按钮，将锚点转化为平滑点，如图 7-158 所示。拖曳控制手柄调整节点，效果如图 7-159 所示。用相同的方法调整其他文字的节点到适当的位置，效果如图 7-160 所示。

图 7-156

图 7-157

图 7-158

图 7-159

图 7-160

STEP 11 选择"选择"工具，选取需要的文字，如图 7-161 所示。选择"对象 > 排列 > 向后移一层"命令，将文字向后移动，效果如图 7-162 所示。

图 7-161　　　　　　　　　　图 7-162

STEP 12 选择"选择"工具 ，选取需要的文字，如图 7-163 所示。选择"对象 > 变换 > 倾斜"命令，弹出"倾斜"对话框，选项的设置如图 7-164 所示。单击"确定"按钮，效果如图 7-165 所示。

图 7-163　　　　　　　　　　图 7-164　　　　　　　　　　图 7-165

STEP 13 选择"文字"工具 ，在页面中适当的位置输入需要的文字，选择"选择"工具 ，在属性栏中选择合适的字体并设置适当的文字大小，设置文字填充色的 C、M、Y、K 值分别为 14、7、65、0，填充文字，效果如图 7-166 所示。按 Shift+Ctrl+O 组合键，将文字转换为轮廓，效果如图 7-167 所示。按 Shift+Ctrl+G 组合键，取消文字群组，调整文字的位置，如图 7-168 所示。

图 7-166　　　　　　　　　　图 7-167　　　　　　　　　　图 7-168

STEP 14 选择"选择"工具 ，选取需要的文字，如图 7-169 所示。单击鼠标右键，选择"释放复合路径"命令，效果如图 7-170 所示。选取不需要的文字，按 Delelte 键删除文字，效果如图 7-171 所示。

图 7-169　　　　　　　　　　图 7-170　　　　　　　　　　图 7-171

STEP 15 选择"矩形"工具 ▦，在适当的位置绘制矩形，如图 7-172 所示。选择"选择"工具 �8，选取需要的文字和图形，如图 7-173 所示。

STEP 16 选择"窗口 > 路径查找器"命令，弹出"路径查找器"控制面板，单击"减去顶层"按钮 ▫，如图 7-174 所示。生成新的对象，效果如图 7-175 所示。按 Shift+Ctrl+G 组合键，取消文字群组。

图 7-172　　　　图 7-173　　　　　　图 7-174　　　　　　图 7-175

STEP 17 选择"矩形"工具 ▦，在适当的位置绘制矩形，如图 7-176 所示。选择"选择"工具 �8，选取需要的文字和图形，如图 7-177 所示。选择"窗口 > 路径查找器"命令，弹出"路径查找器"控制面板，单击"减去顶层"按钮 ▫，如图 7-178 所示。生成新的对象，效果如图 7-179 所示。

图 7-176　　　　图 7-177　　　　　　图 7-178　　　　　　图 7-179

STEP 18 选择"直接选择"工具 ▷，选取需要的节点，按 Delelte 键删除节点，效果如图 7-180 所示。用相同方法删除其他节点，效果如图 7-181 所示。选择"直接选择"工具 ▷，分别调整需要的节点，效果如图 7-182 所示。

图 7-180　　　　　　图 7-181　　　　　　图 7-182

STEP 19 选择"选择"工具 ▷，选取需要的文字和图形，如图 7-183 所示。选择"窗口 > 路径查找器"命令，弹出"路径查找器"控制面板，单击"联集"按钮 ▫，如图 7-184 所示。生成新的对象，效果如图 7-185 所示。用上述方法调整其他文字，效果如图 7-186 所示。

图 7-183　　　　图 7-184　　　　　　图 7-185　　　　　　图 7-186

STEP 20 选择"选择"工具 ，选取需要的文字，如图 7-187 所示。选择"对象 > 变换 > 倾斜"命令，弹出"倾斜"对话框，选项的设置如图 7-188 所示。单击"确定"按钮，效果如图 7-189 所示。

| 图 7-187 | 图 7-188 | 图 7-189 |

STEP 21 选择"矩形"工具 ，在适当的位置绘制矩形，设置图形填充色的 C、M、Y、K 值分别为 14、7、65、0，填充图形，并设置描边色为无，效果如图 7-190 所示。选择"选择"工具 ，按住 Alt 键的同时，向左下角拖曳直线到适当的位置，复制图形，如图 7-191 所示。按 Ctrl+D 组合键，复制直线，效果如图 7-192 所示。

| 图 7-190 | 图 7-191 | 图 7-192 |

STEP 22 选择"文字"工具 ，在页面中适当的位置输入需要的文字，选择"选择"工具 ，在属性栏中选择合适的字体并设置适当的文字大小，效果如图 7-193 所示。咖啡馆标签制作完成，效果如图 7-194 所示。

| 图 7-193 | 图 7-194 |

7.5.2 创建文本轮廓

选中文本，选择"文字 > 创建轮廓"命令（组合键为 Shift +Ctrl+ O），创建文本轮廓，如图 7-195 所示。文本转化为轮廓后，可以对文本进行渐变填充，效果如图 7-196 所示，还可以对文本应用滤镜，效果如图 7-197 所示。

图 7-195   图 7-196   图 7-197

文本转化为轮廓后，将不再具有文本的一些属性，这就需要在文本转化成轮廓之前先按需要调整文本的字体大小，而且将文本转化为轮廓时，会把文本块中的文本全部转化为路径。不能在一行文本内转化单个文字，要想转化一个单独的文字为轮廓时，可以创建只包括该字的文本，然后再进行转化。

7.6 分栏和链接文本

在 Illustrator CC 中，大的段落文本经常采用分栏这种页面形式。分栏时，可自动创建链接文本，也可手动创建文本的链接。

7.6.1 创建文本分栏

在 Illustrator CC 中，可以对一个选中的段落文本块进行分栏。不能对点文本或路径文本进行分栏，也不能对一个文本块中的部分文本进行分栏。

选中要进行分栏的文本块，如图 7-198 所示。选择"文字 > 区域文字选项"命令，弹出"区域文字选项"对话框，如图 7-199 所示。

图 7-198   图 7-199

在"行"选项组中的"数量"选项中输入行数，所有的行自动定义为相同的高度，建立文本分栏后可以改变各行的高度；"跨距"选项用于设置行的高度。

在"列"选项组中的"数量"选项中输入栏数，所有的栏自动定义为相同的宽度，建立文本分栏后可以改变各栏的宽度；"跨距"选项用于设置栏的宽度。

单击"文本排列"选项后的图标按钮，如图 7-200 所示。选择一种文本流在链接时的排列方式，每个图标上的方向箭头指明了文本流的方向。

图 7-200

对"区域文字选项"对话框如图 7-201 所示进行设定，单击"确定"按钮创建文本分栏，效果如图 7-202 所示。

图 7-201

图 7-202

7.6.2 链接文本块

如果文本块出现文本溢出的现象，可以通过调整文本块的大小显示所有的文本，也可以将溢出的文本链接到另一个文本框中，还可以进行多个文本框的链接。点文本和路径文本不能被链接。

选择有文本溢出的文本块。在文本框的右下角出现了⊞图标，表示因文本框太小有文本溢出，绘制一个闭合路径或创建一个文本框，同时将文本块和闭合路径选中，如图 7-203 所示。

选择"文字 > 串接文本 > 创建"命令，左边文本框中溢出的文本会自动移到右边的闭合路径中，效果如图 7-204 所示。

图 7-203   图 7-204

如果右边的文本框中还有文本溢出，可以继续添加文本框来链接溢出的文本，方法同上。链接的多个文本框其实还是一个文本块。选择"文字 > 串接文本 > 释放所选文字"命令，可以解除各文本框之间的链接状态。

7.7 图文混排

图文混排效果在版式设计中是经常使用的一种效果，使用文本绕图命令可以制作出漂亮的图文混排效果。

文本绕图对整个文本块起作用，对于文本块中的部分文本，以及点文本、路径文本都不能进行文本绕图。

在文本块上放置图形并调整好位置，同时选中文本块和图形，如图 7-205 所示。选择"对象 >文本绕排 > 建立"命令，建立文本绕排，文本和图形结合在一起，效果如图 7-206 所示。要增加绕排的图形，可先将图形放置在文本块上，再选择"对象 > 文本绕排 > 建立"命令，文本绕图将会重新排列，效果如图 7-207 所示。

图 7-205　　　　　　　　　　图 7-206　　　　　　　　　　图 7-207

选中文本绕图对象，选择"对象 > 文本绕排 > 释放"命令，可以取消文本绕图。

提示

图形必须放置在文本块之上才能进行文本绕图。

7.8　课堂练习——制作桌面图标

练习知识要点

使用椭圆工具、渐变工具和星形工具绘制图标图形。使用文字工具输入路径文字。效果如图 7-208 所示。

效果所在位置

资源包 / Ch07 / 效果 / 制作桌面图标.ai。

图 7-208

制作桌面图标

7.9 课后习题——制作时尚书籍封面

习题知识要点

使用置入命令制作背景效果。使用文字工具输入文字。使用创建轮廓命令和钢笔工具制作文字变形效果。使用描边面板制作文字描边效果。效果如图 7-209 所示。

效果所在位置

资源包/ Ch07 /效果/制作时尚书籍封面.ai。

图 7-209

制作时尚书籍封面

第 8 章
图表的编辑

　　Illustrator CC 不仅具有强大的绘图功能，而且还具有强大的图表处理功能。本章系统地介绍 Illustrator CC 中提供的 9 种基本图表形式，通过学习使用图表工具，可以创建出各种不同类型的表格，以更好地表现复杂的数据。另外，自定义图表各部分的颜色，以及把创建的图案应用到图表中，能更加生动地表现数据内容。

课堂学习目标

- 熟练掌握图表的创建方法
- 掌握设置图表属性的方法
- 掌握自定义图表图案的方法

8.1 创建图表

在 Illustrator CC 中，提供了 9 种不同的图表工具，利用这些工具可以创建不同类型的图表。

8.1.1 课堂案例——制作统计图表

+ 案例学习目标

学习使用图表绘制工具和渐变工具绘制图表。

+ 案例知识要点

使用条形图工具和渐变工具绘制图表。使用文字工具添加文字。使用直线工具绘制线段。效果如图 8-1 所示。

+ 效果所在位置

资源包/Ch08/效果/制作统计图表.ai。

制作统计图表

图 8-1

STEP↖1 按 Ctrl+N 组合键，新建一个文档，宽度为 100mm，高度为 100mm，取向为竖向，颜色模式为 CMYK，单击"确定"按钮。

STEP↖2 选择"文件 > 置入"命令，弹出"置入"对话框，选择资源包中的"Ch08 > 素材 > 制作统计图表 > 01"文件，单击"置入"按钮，将图片置入到页面中，单击属性栏中的"嵌入"按钮，嵌入图片。选择"选择"工具 ↖，拖曳图片到适当的位置，效果如图 8-2 所示。

STEP↖3 选择"文字"工具 T，在页面中适当的位置输入需要的文字，选择"选择"工具 ↖，在属性栏中选择合适的字体并设置适当的文字大小，效果如图 8-3 所示。

图 8-2　　　　　　　　　　　　　图 8-3

STEP 4 选择"饼图"工具 ，在页面中单击鼠标，在弹出的"图表"对话框中进行设置，如图 8-4 所示。单击"确定"按钮，弹出"图表数据"对话框，在对话框中输入需要的文字，如图 8-5 所示。输入完成后，单击"应用"按钮✔，关闭"图表数据"对话框，建立饼图表，效果如图 8-6 所示。

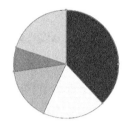

| 图 8-4 | 图 8-5 | 图 8-6 |

STEP 5 选择"直接选择"工具，选取图表中需要的扇形图，如图 8-7 所示。双击"渐变"工具，弹出"渐变"控制面板，在色带上设置两个渐变滑块，分别将渐变滑块的位置设为 0、100，并设置 C、M、Y、K 的值分别为 0（0、47、88、0）、100（4、17、70、0）；其他选项的设置如图 8-8 所示。图形被填充为渐变色，效果如图 8-9 所示。设置图形描边色为白色，设置描边粗细为 3pt，效果如图 8-10 所示。用相同方法调整其他扇形图的颜色和描边，效果如图 8-11 所示。

STEP 6 选择"文字"工具 T ，在适当的位置输入需要的文字，选择"选择"工具，在属性栏中选择合适的字体并设置适当的文字大小，效果如图 8-12 所示。

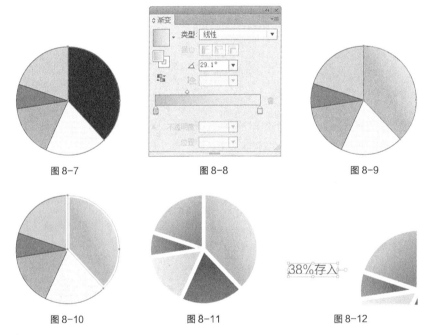

| 图 8-7 | 图 8-8 | 图 8-9 |

| 图 8-10 | 图 8-11 | 图 8-12 |

STEP 7 选择"直线"工具，在适当的位置绘制直线，设置描边色为黑色，描边粗细为 1pt，效果如图 8-13 所示。选择"窗口 > 描边"命令，弹出"描边"控制面板，其他选项的设置如图 8-14 所示，效果如图 8-15 所示。用上述方法添加其他文字和虚线，效果如图 8-16 所示。

STEP 8 选择"文字"工具 T ，在适当的位置拖曳鼠标绘制文本框，输入需要的文字，选择"选择"工具，在属性栏中选择合适的字体并设置适当的文字大小，效果如图 8-17 所示。统计图表绘制完成，效果如图 8-18 所示。

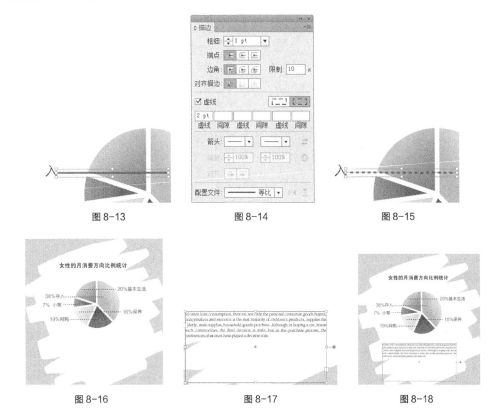

图 8-13   图 8-14   图 8-15

图 8-16   图 8-17   图 8-18

8.1.2 图表工具

在工具箱中的"柱形图工具"按钮 上单击并按住鼠标左键不放，将弹出图表工具组。工具组中包含的图表工具依次为"柱形图"工具 、"堆积柱形图"工具 、"条形图"工具 、"堆积条形图"工具 、"折线图"工具 、"面积图"工具 、"散点图"工具 、"饼图"工具 和"雷达图"工具 ，如图 8-19 所示。

8.1.3 柱形图

柱形图是较为常用的一种图表类型，它使用一些竖排的、高度可变的矩形柱来表示各种数据，矩形的高度与数据大小成正比。

创建柱形图的具体步骤如下。

选择"柱形图"工具 ，在页面中拖曳光标绘出一个矩形区域来设置图表大小，或在页面上任意位置单击鼠标，将弹出"图表"对话框，如图 8-20 所示。在"宽度"选项和"高度"选项的数值框中输入图表的宽度和高度数值。设定完成后，单击"确定"按钮，将自动在页面中建立图表，如图 8-21 所示。同时弹出"图表数据"对话框，如图 8-22 所示。

在"图表数据"对话框左上方的文本框中可以直接输入各种文本或数值，然后按 Tab 键或 Enter 键确认，文本或数值将会自动添加到"图表数据"对话框的单元格中。用鼠标单击可以选取各个单元格，输入要更改的文本或数据值后，再按 Enter 键确认。

图 8-19

图 8-20

在"图表数据"对话框右上方有一组按钮。单击"导入数据"按钮，可以从外部文件中输入数据信息。单击"换位行/列"按钮，可将横排和竖排的数据相互交换位置。单击"切换 X/Y 轴"按钮，将调换 x 轴和 y 轴的位置。单击"单元格样式"按钮，弹出"单元格样式"对话框，可以设置单元格的样式。单击"恢复"按钮，在没有单击应用按钮以前使文本框中的数据恢复到前一个状态。单击"应用"按钮，确认输入的数值并生成图表。

图 8-21

图 8-22

单击"单元格样式"按钮，将弹出"单元格样式"对话框，如图 8-23 所示。该对话框可以设置小数点的位置和数字栏的宽度。可以在"小数位数"和"列宽度"选项的文本框中输入所需要的数值。另外，将鼠标指针放置在各单元格相交处时，将会变成两条竖线和双向箭头的形状，这时拖曳光标可调整数字栏的宽度。

双击"柱形图"工具，将弹出"图表类型"对话框，如图 8-24 所示。柱形图表是默认的图表，其他参数也是采用默认设置，单击"确定"按钮。

图 8-23

图 8-24

在"图表数据"对话框中的文本表格的第一格中单击，删除默认数值 1。按照文本表格的组织方式输入数据。例如，用来比较 3 个人 3 科分数情况，如图 8-25 所示。

单击"应用"按钮，生成图表，所输入的数据被应用到图表上，柱形图效果如图 8-26 所示。从图中可以看到，柱形图是对每一行中的数据进行比较。

在"图表数据"对话框中单击换位行与列按钮，互换行、列数据得到新的柱形图，效果如图 8-27 所示。在"图表数据"对话框中单击关闭按钮将对话框关闭。

当需要对柱形图中的数据进行修改时，先选中要修改的图表，选择"对象 > 图表 > 数据"命令，弹出"图表数据"对话框。在对话框中可以再修改数据，设置数据后，单击"应用"按钮 ☑，将修改后的数据应用到选定的图表中。

图 8-25　　　　　　　　　　　　　　　　图 8-26

图 8-27

选中图表，用鼠标右键单击页面，在弹出的菜单中选择"类型"命令，弹出"图表类型"对话框，可以在对话框中选择其他的图表类型。

8.1.4　其他图表效果

1. 堆积柱形图

堆积柱形图与柱形图类似，只是它们的显示方式不同。柱形图表显示为单一的数据比较，而堆积柱形图显示的是全部数据总和的比较。因此，在进行数据总量的比较时，多用堆积柱形图来表示，效果如图 8-28 所示。

图 8-28

从图表中可以看出，堆积柱形图将每个人的数值总量进行比较，并且每一个人都用不同颜色的矩形来显示。

2. 条形图和堆积条形图

条形图与柱形图类似，只是柱形图是以垂直方向上的矩形显示图表中的各组数据，而条形图是以水平方向上的矩形来显示图表中的数据，效果如图 8-29 所示。

堆积条形图与堆积柱形图类似，但是堆积条形图是以水平方向的矩形条来显示数据总量的，堆积柱形图正好与之相反。堆积条形图效果如图 8-30 所示。

图 8-29   图 8-30

3. 折线图

折线图可以显示出某种事物随时间变化的发展趋势，很明显地表现出数据的变化走向。折线图也是一种比较常见的图表，给人以很直接明了的视觉效果。

与创建柱形图的步骤相似，选择"折线图"工具，拖曳光标绘制出一个矩形区域，或在页面上任意位置单击鼠标，在弹出的"图表数据"对话框中输入相应的数据，最后单击"应用"按钮，折线图表效果如图 8-31 所示。

4. 面积图

面积图可以用来表示一组或多组数据。通过不同折线连接图表中所有的点，形成面积区域，并且折线内部可填充为不同的颜色。面积图表其实与折线图表类似，是一个填充了颜色的线段图表，效果如图 8-32 所示。

图 8-31   图 8-32

5. 散点图

散点图是一种比较特殊的数据图表。散点图的横坐标和纵坐标都是数据坐标，两组数据的交叉点形成了坐标点。因此，它的数据点由横坐标和纵坐标确定。图表中的数据点位置所创建的线能贯穿自身却无具体方向，效果如图 8-33 所示。散点图不适合用于太复杂的内容，它只适合显示图例的说明。

图 8-33

6. 饼图

饼图适用于一个整体中各组成部分的比较。该类图表应用的范围比较广。饼图的数据整体显示为一个圆，每组数据按照其在整体中所占的比例，以不同颜色的扇形区域显示出来。但是它不能准确地显示出各部分的具体数值，效果如图 8-34 所示。

7. 雷达图

雷达图是一种较为特殊的图表类型，它以一种环形的形式对图表中的各组数据进行比较，形成比较明显的数据对比。雷达图适合表现一些变换悬殊的数据，效果如图 8-35 所示。

图 8-34　　　　　　　　　　　　　　　　　图 8-35

8.2　设置图表

在 Illustrator CC 中，可以重新调整各种类型图表的选项，以及更改某一组数据，还可以解除图表组合，应用描边或填充颜色。

8.2.1　设置"图表数据"对话框

选中图表，单击鼠标右键，在弹出的菜单中选择"数据"命令，或直接选择"对象 > 图表 > 数据"命令，弹出"图表数据"对话框。在对话框中可以进行数据的修改。

编辑一个单元格：选取该单元格，在文本框中输入新的数据，按 Enter 键确认并下移到另一个单元格。

删除数据：选取数据单元格，删除文本框中的数据，按 Enter 键确认并下移到另一个单元格。

删除多个数据：选取要删除数据的多个单元格，选择"编辑 > 清除"命令，即可删除多个数据。

更改图表选项：选中图表，双击"图表工具"或选择"对象 > 图表 > 类型"命令，弹出"图表类型"对话框，如图 8-36 所示。在"数值轴"选项的下拉列表中包括"位于左侧""位于右侧"或"位于两侧"选项，分别用来表示图表中坐标轴的位置，可根据需要选择（对饼形图表来说此选项不可用）。

"样式"选项组包括 4 个选项。勾选"添加投影"复选项，可以为图表添加一种阴影效果；勾选"在顶部添加图例"复选项，可以将图表中的图例说明放到图表的顶部；勾选"第一行在前"复选项，图表中的各个柱形或其他对象将会重叠地覆盖行，并按照从左到右的顺序排列；"第一列在前"复选项，是默认的放置柱形的方式，它能够从左到右依次放置柱形。

"选项"选项组包括两个选项。"列宽""簇宽度"两个

图 8-36

选项分别用来控制图表的横栏宽和组宽。横栏宽是指图表中每个柱形条的宽度，组宽是指所有柱形所占据的可用空间。

选择折线图、散点图和雷达图时，"选项"复选项组如图 8-37 所示。勾选"标记数据点"复选项，使数据点显示为正方形，否则直线段中间的数据点不显示；勾选"连接数据点"复选项，在每组数据点之间进行连线，否则只显示一个个孤立的点；勾选"线段边到边跨 X 轴"复选项，将线条从图表左边和右边伸出，它对分散图表无作用；勾选"绘制填充线"复选项，将激活其下方的"线宽"选项。

图 8-37

选择饼形图时，"选项"选项组如图 8-38 所示。对于饼形图，"图例"选项控制图例的显示，在其下拉列表中，"无图例"选项即是不要图例；"标准图例"选项将图例放在图表的外围；"楔形图例"选项将图例插入相应的扇形中。"位置"选项控制饼形图形及扇形块的摆放位置，在其下拉列表中，"比例"选项将按比例显示各个饼形图的大小，"相等"选项使所有饼形图的直径相等，"堆积"选项将所有的饼形图叠加在一起。"排序"选项控制图表元素的排列顺序，在其下拉列表中："全部"选项将元素信息由大到小顺时针排列；"第一个"选项将最大值元素信息放在顺时针方向的第一个，其余按输入顺序排列；"无"选项按元素的输入顺序顺时针排列。

图 8-38

8.2.2 设置坐标轴

在"图表类型"对话框左上方选项的下拉列表中选择"数值轴"选项，转换为相应的对话框，如图 8-39 所示。

图 8-39

　　"刻度值"选项组：当勾选"忽略计算出的值"复选项时，下面的 3 个数值框被激活。"最小值"选项的数值表示坐标轴的起始值，也就是图表原点的坐标值，它不能大于"最大值"选项的数值；"最大值"选项中的数值表示的是坐标轴的最大刻度值；"刻度"选项中的数值用来决定将坐标轴上下分为多少部分。

　　"刻度线"选项组："长度"选项的下拉列表中包括 3 项。选择"无"选项，表示不使用刻度标记；选择"短"选项，表示使用短的刻度标记；选择"全宽"选项，刻度线将贯穿整个图表，效果如图 8-40 所示。"绘制"选项数值框中的数值表示每一个坐标轴间隔的区分标记。

　　"添加标签"选项组："前缀"选项是指在数值前加符号，"后缀"选项是指在数值后加符号。在"后缀"选项的文本框中输入"分"后，图表效果如图 8-41 所示。

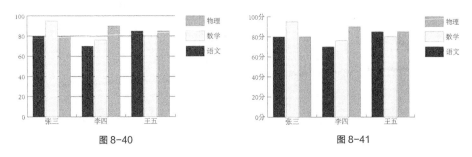

图 8-40　　　　　　　　　　　　　　　　　　图 8-41

8.3　自定义图表

　　除了提供图表的创建和编辑这些基本的操作，Illustrator CC 还可以对图表中的局部进行编辑和修改，并可以自己定义图表的图案，使图表中所表现的数据更加生动。

8.3.1　课堂案例——制作银行统计表

⊕　**案例学习目标**

　　学习使用柱形图工具和设计命令制作图案图表。

⊕　**案例知识要点**

　　使用柱形图工具建立柱形图表。使用设计命令定义图案。使用柱形图命令制作图案图表。银行统计表效果如图 8-42 所示。

⊕　**效果所在位置**

　　资源包/Ch08/效果/制作银行统计表.ai。

图 8-42

制作银行统计表

STEP 1 按 Ctrl+N 组合键，新建一个文档，宽度为 242mm，高度为 156mm，取向为横向，颜色模式为 CMYK，单击"确定"按钮。

STEP 2 选择"文件 > 置入"命令，弹出"置入"对话框，选择资源包中的"Ch08 > 素材 > 制作银行统计表 > 01"文件，单击"置入"按钮，将图片置入到页面中，单击属性栏中的"嵌入"按钮，嵌入图片，效果如图 8-43 所示。选择"选择"工具 ，旋转图片适当的角度，并拖曳到适当的位置，效果如图 8-44 所示。

图 8-43   图 8-44

STEP 3 选择"文字"工具 ，在页面中适当的位置输入需要的文字，选择"选择"工具 ，在属性栏中选择合适的字体并设置适当的文字大小，效果如图 8-45 所示。

STEP 4 选择"矩形"工具 ，在适当的位置绘制矩形，设置图形填充色的 C、M、Y、K 值分别为 9、3、8、0，填充图形，并设置描边色为无，效果如图 8-46 所示。

图 8-45   图 8-46

STEP 5 选择"柱形图"工具 ，在页面中单击鼠标，在弹出的"图表"对话框中进行设置，如图 8-47 所示。单击"确定"按钮，弹出"图表数据"对话框，在对话框中输入需要的文字，如图 8-48 所示。输入完成后，单击"应用"按钮 ，关闭"图表数据"对话框，建立柱形图表，效果如图 8-49 所示。

图 8-47   图 8-48   图 8-49

STEP 6 选择"对象 > 图表 > 类型"命令，弹出"图表类型"对话框，选项的设置如图 8-50 所示。单击"确定"按钮，效果如图 8-51 所示。

图 8-50　　　　　　　　　　　　　　图 8-51

STEP 7 选择"钢笔"工具 ，在适当的位置绘制不规则图形，设置图形填充色为无，并设置描边粗细为 0.25pt，效果如图 8-52 所示。

STEP 8 选择"选择"工具 ，选取人物图形，选择"对象 > 图表 > 设计"命令，弹出"图表设计"对话框，单击"新建设计"按钮，显示所选图形的预览，如图 8-53 所示。应用"重命名"按钮更改名称，如图 8-54 所示。单击"确定"按钮，完成图表图案的定义。

图 8-52　　　　　　　　图 8-53　　　　　　　　　　　　　图 8-54

STEP 9 选择"选择"工具 ，选取图表，选择"对象 > 图表 > 柱形图"命令，弹出"图表列"对话框，选择新定义的图案名称，并在对话框中进行设置，如图 8-55 所示。单击"确定"按钮，效果如图 8-56 所示。

STEP 10 选择"直接选择"工具 ，选取图表中需要的图形，如图 8-57 所示。设置图形填充色的 C、M、Y、K 值分别为 56、100、100、48，填充图形，并设置描边色为无，效果如图 8-58 所示。依次选择需要的图形，如图 8-59 所示。设置图形填充色的 C、M、Y、K 值分别为 52、100、100、36，填充图形，并设置描边色为无，效果如图 8-60

图 8-55

所示。用相同方法依次调整其他图形的颜色，效果如图 8-61 所示。

图 8-56 图 8-57 图 8-58

图 8-59 图 8-60 图 8-61

STEP 11 选择"选择"工具 ，选取需要的图形，选择"效果 > 风格化 > 投影"命令，弹出"投影"对话框，设置投影颜色的 C、M、Y、K 值分别为 70、69、66、25，其他设置如图 8-62 所示。单击"确定"按钮，效果如图 8-63 所示。

图 8-62 图 8-63

STEP 12 选择"直接选择"工具 ，选取图表中需要的图形和文字，如图 8-64 所示。设置图形填充色为无，效果如图 8-65 所示。

图 8-64 图 8-65

STEP 13 选择"选择"工具 ，选取需要的图形，如图 8-66 所示。选择"对象 > 排列 > 对称"命令，弹出"镜像"对话框，选项的设置如图 8-67 所示。单击"确定"按钮，效果如图 8-68 所示。

图 8-66　　　　　　　　图 8-67　　　　　　　　图 8-68

STEP✎14 选择 "矩形" 工具▣，在适当的位置绘制矩形，效果如图 8-69 所示。选择 "选择"
工具↖，选择需要的图形，如图 8-70 所示。

STEP✎15 选择 "对象 > 剪切蒙版 > 建立" 命令，效果如图 8-71 所示。将剪切的图形拖曳到
适当的位置，效果如图 8-72 所示。选择 "直线" 工具╱，在适当的位置绘制直线，设置描边色为黑色，
描边粗细为 1pt，效果如图 8-73 所示。

图 8-69　　　　　图 8-70　　　　　图 8-71　　　　　图 8-72　　　　　图 8-73

STEP✎16 选择 "窗口 > 描边" 命令，弹出 "描边" 控制面板，其他选项的设置如图 8-74 所示，
效果如图 8-75 所示。用上述方法添加其他文字和虚线，效果如图 8-76 所示。

图 8-74　　　　　　　　　图 8-75　　　　　　　图 8-76

STEP✎17 选择 "文字" 工具Ｔ，在适当的位置拖曳鼠标绘制文本框，输入需要的文字，选择 "选
择" 工具↖，在属性栏中选择合适的字体并设置适当的文字大小，效果如图 8-77 所示。

STEP✎18 选择 "文字" 工具Ｔ，在页面中适当的位置输入需要的文字，选择 "选择" 工具↖，
在属性栏中选择合适的字体并设置适当的文字大小，效果如图 8-78 所示。

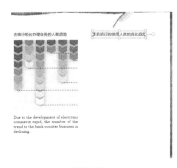

图 8-77   图 8-78

STEP 19 选择"选择"工具 ，选取需要的图形，如图 8-79 所示。选择"对象 > 排列 > 对称"命令，弹出"镜像"对话框，选项的设置如图 8-80 所示。单击"复制"按钮，效果如图 8-81 所示。

图 8-79   图 8-80   图 8-81

STEP 20 选择"对象 > 排列 > 对称"命令，弹出"镜像"对话框，选项的设置如图 8-82 所示。单击"确定"按钮，并将其拖曳至适当位置，效果如图 8-83 所示。

STEP 21 选择"文字"工具 ，在适当的位置拖曳鼠标绘制文本框，输入需要的文字，选择"选择"工具 ，在属性栏中选择合适的字体并设置适当的文字大小，效果如图 8-84 所示。银行统计表制作完成。

图 8-82   图 8-83   图 8-84

8.3.2　自定义图表图案

在页面中绘制图形，效果如图 8-85 所示。选中图形，选择"对象 > 图表 > 设计"命令，弹出"图表设计"对话框。

　　单击"新建设计"按钮，在预览框中将会显示所绘制的图形，对话框中的"删除设计"按钮、"粘贴设计"按钮和"选择未使用的设计"按钮将被激活，如图 8-86 所示。

　　单击"重命名"按钮，弹出"重命名"对话框，在对话框中输入自定义图案的名称，如图 8-87 所示。单击"确定"按钮，完成命名。

　　在"图表设计"对话框中单击"粘贴设计"按钮，可以将图案粘贴到页面中，对图案可以重新进行修改和编辑。编辑修改后的图案，还可以再将其重新定义。在对话框中编辑完成后，单击"确定"按钮，完成对一个图表图案的定义。

图 8-85　　　　　　　　　　　　图 8-86　　　　　　　　　　　　图 8-87

8.3.3　应用图表图案

　　用户可以将自定义的图案应用到图表中。选择要应用图案的图表，再选择"对象 > 图表 > 柱形图"命令，弹出"图表列"对话框。

　　在"图表列"对话框中，"列类型"选项包括 4 种缩放图案的类型："垂直缩放"选项表示根据数据的大小，对图表的自定义图案进行垂直方向上的放大与缩小，水平方向上保持不变；"一致缩放"选项表示图表将按照图案的比例并结合图表中数据的大小对图案进行放大和缩小；"重复堆叠"选项可以堆叠图案以填充柱形；"局部缩放"选项与"垂直缩放"选项类似，但可以指定伸展或缩放的位置。"重复堆叠"选项要和"每个设计表示"选项、"对于分数"选项结合使用。"每个设计表示"选项表示每个图案代表几个单位，如果在数值框中输入 50，表示 1 个图案就代表 50 个单位。在"对于分数"选项的下拉列表中，"截断设计"选项表示不足一个图案由图案的一部分来表示；"缩放设计"选项表示不足一个图案时，通过对最后那个图案成比例压缩来表示。设置完成后，如图 8-88 所示。单击"确定"按钮，将自定义的图案应用到图表中，效果如图 8-89 所示。

图 8-88　　　　　　　　　　　　图 8-89

8.4 课堂练习——制作分数图表

练习知识要点

使用置入命令制作背景图像。使用图表工具添加图表效果。使用文字工具输入文字。效果如图 8-90 所示。

效果所在位置

资源包/Ch08/效果/制作分数图表.ai。

图 8-90

制作分数图表

8.5 课后习题——制作汽车宣传单

习题知识要点

使用置入命令制作背景图像。使用文字工具输入文字。使用描边面板为文字添加描边效果。使用图表工具制作图表效果。效果如图 8-91 所示。

效果所在位置

资源包/Ch08/效果/制作汽车宣传单.ai。

图 8-91

制作汽车宣传单

第 9 章
图层和蒙版的使用

本章重点讲解 Illustrator CC 中图层和蒙版的使用方法。掌握图层和蒙版的功能，可以帮助读者在图形设计中提高效率，快速、准确地设计和制作出精美的平面设计作品。

课堂学习目标

- 掌握图层的基本操作方法
- 掌握蒙版的创建和编辑方法
- 掌握不透明度面板的使用方法

9.1 图层的使用

在平面设计中，特别是包含复杂图形的设计中，需要在页面上创建多个对象，由于每个对象的大小不一致，小的对象可能隐藏在大的对象下面。这样，选择和查看对象就很不方便。使用图层来管理对象，就可以很好地解决这个问题。图层就像一个文件夹，它可包含多个对象，也可以对图层进行多种编辑。

选择"窗口 > 图层"命令（快捷键为 F7），弹出"图层"控制面板，如图9-1 所示。

图9-1

9.1.1 了解图层的含义

选择"文件 > 打开"命令，弹出"打开"对话框，选择需要的文件，如图 9-2 所示。单击"打开"按钮，打开的图像效果如图 9-3 所示。

图9-2

图9-3

打开图像后，观察"图层"控制面板，可以发现在"图层"控制面板中显示出 5 个图层，如图 9-4 所示。如果只想看到图层 1 上的图像，用鼠标依次单击其他图层的眼睛图标 ，其他图层上的眼睛图标 将关闭，如图 9-5 所示。这样就只显示图层 1，此时图像效果如图 9-6 所示。

图9-4

图9-5

图9-6

Illustrator 的图层是透明层，在每一层中可以放置不同的图像，上面的图层将影响下面的图层，修改其中的某一图层不会改动其他的图层，将这些图层叠在一起显示在图像视窗中，就形成了一幅完整的图像。

9.1.2 认识"图层"控制面板

下面来介绍"图层"控制面板。打开一张图像，选择"窗口 > 图层"命令，弹出"图层"控制面板，如图 9-7 所示。

在"图层"控制面板的右上方有两个系统按钮，分别是"折叠为图标"按钮和"关闭"按钮。单击"折叠为图标"按钮，可以将"图层"控制面板折叠为图标；单击"关闭"按钮，可以关闭"图层"控制面板。

图层名称显示在当前图层中。默认状态下，在新建图层时，如果未指定名称，程序将以数字的递增为图层指定名称，如图层 1、图层 2 等，可以根据需要为图层重新命名。

图 9-7

单击图层名称前的三角形按钮▶，可以展开或折叠图层。当按钮为▶时，表示此图层中的内容处于未显示状态，单击此按钮就可以展开当前图层中所有的选项；当按钮为▼时，表示显示了图层中的选项，单击此按钮，可以将图层折叠起来，这样可以节省"图层"控制面板的空间。

眼睛图标◉用于显示或隐藏图层；图层右上方的黑色三角形图标表示当前正被编辑的图层；锁定图标🔒表示当前图层和透明区域被锁定，不能被编辑。

在"图层"控制面板的最下面有 5 个按钮，如图 9-8 所示。它们从左至右依次是：定位对象、建立/释放剪切蒙版按钮、创建新子图层按钮、创建新图层按钮和删除所选图层按钮。

图 9-8

定位对象按钮🔍：单击此按钮，可以选中所选对象所在的图层。

建立/释放剪切蒙版按钮：单击此按钮，将在当前图层上建立或释放一个蒙版。

创建新子图层按钮：单击此按钮，可以为当前图层新建一个子图层。

创建新图层按钮：单击此按钮，可以在当前图层上面新建一个图层。

删除所选图层按钮：即垃圾桶，可以将不想要的图层拖到此处删除。

单击"图层"控制面板右上方的图标，将弹出其下拉式菜单。

9.1.3　编辑图层

使用图层时，可以通过"图层"控制面板对图层进行编辑，如新建图层、新建子图层、为图层设定选项、合并图层和建立图层蒙版等，这些操作都可以通过选择"图层"控制面板下拉式菜单中的命令来完成。

1. 新建图层

● 　使用"图层"控制面板下拉式菜单

单击"图层"控制面板右上方的图标，在弹出的菜单中选择"新建图层"命令，弹出"图层选项"对话框，如图 9-9 所示。"名称"选项用于设定当前图层的名称；"颜色"选项用于设定新图层的颜色，设置完成后，单击"确定"按钮，可以得到一个新建的图层。

● 　使用"图层"控制面板按钮或快捷键

单击"图层"控制面板下方的"创建新图层"按钮，可以创建一个新图层。

按住 Alt 键的同时，单击"图层"控制面板下方的"创建新图层"按钮，将弹出"图层选项"对话框，如图 9-9 所示。

按住 Ctrl 键的同时，单击"图层"控制面板下方的"创建新图层"按

图 9-9

钮 ，不管当前选择的是哪一个图层，都可以在图层列表的最上层新建一个图层。

如果要在当前选中的图层中新建一个子图层，可以单击"创建新子图层"按钮 ，或从"图层"控制面板下拉式菜单中选择"新建子图层"命令，或按住 Alt 键的同时，单击"创建新子图层"按钮 ，也可以弹出"图层选项"对话框，它的设定方法和新建图层是一样的。

2. 选择图层

单击图层名称，图层会显示为深灰色，并在名称后出现一个当前图层指示图标，即黑色三角形图标 ，表示此图层被选择为当前图层。

按住 Shift 键，分别单击两个图层，即可选择两个图层之间多个连续的图层。按住 Ctrl 键，逐个单击想要选择的图层，可以选择多个不连续的图层。

3. 复制图层

复制图层时，会复制图层中所包含的所有对象，包括路径、编组，以至于整个图层。

● 使用"图层"控制面板下拉式菜单

选择要复制的图层"图层 2"，如图 9-10 所示。单击"图层"控制面板右上方的图标 ，在弹出的菜单中选择"复制图层 2"命令，复制出的图层在"图层"控制面板中显示为被复制图层的副本。复制图层后，"图层"控制面板的效果如图 9-11 所示。

图 9-10   图 9-11

● 使用"图层"控制面板按钮

将"图层"控制面板中需要复制的图层拖曳到下方的"创建新图层"按钮 上，就可以将所选的图层复制为一个新图层。

4. 删除图层

● 使用"图层"控制面板的下拉式命令

选择要删除的图层"图层 2"，如图 9-12 所示。单击"图层"控制面板右上方的图标 ，在弹出的菜单中选择"删除图层 2"命令，如图 9-13 所示。图层即可被删除，删除图层后的"图层"控制面板如图 9-14 所示。

图 9-12   图 9-13   图 9-14

● 　使用"图层"控制面板按钮

选择要删除的图层，单击"图层"控制面板下方的"删除所选图层"按钮 🗑，可以将图层删除。将需要删除的图层拖曳到"删除所选图层"按钮 🗑 上，也可以删除图层。

5. 隐藏或显示图层

隐藏一个图层时，此图层中的对象在绘图页面上不显示，在"图层"控制面板中可以设置隐藏或显示图层。在制作或设计复杂作品时，可以快速隐藏图层中的路径、编组和对象。

● 　使用"图层"控制面板的下拉式菜单

选中一个图层，如图 9-15 所示。单击"图层"控制面板右上方的图标 ▾▤，在弹出的菜单中选择"隐藏其他图层"命令，"图层"控制面板中除当前选中的图层外，其他图层都被隐藏，效果如图 9-16 所示。

图 9-15　　　　　　　　　　图 9-16

● 　使用"图层"控制面板中的眼睛图标 👁

在"图层"控制面板中，单击想要隐藏的图层左侧的眼睛图标 👁，图层被隐藏。再次单击眼睛图标所在位置的方框，会重新显示此图层。

如果在一个图层的眼睛图标 👁 上单击鼠标，隐藏图层，并按住鼠标左键不放，向上或向下拖曳，光标所经过的图标就会被隐藏，这样可以快速隐藏多个图层。

● 　使用"图层选项"对话框

在"图层"控制面板中双击图层或图层名称，可以弹出"图层选项"对话框，取消勾选"显示"复选项，单击"确定"按钮，图层被隐藏。

6. 锁定图层

当锁定图层后，此图层中的对象不能再被选择或编辑，使用"图层"控制面板，能够快速锁定多个路径、编组和子图层。

● 　使用"图层"控制面板的下拉式菜单

选中一个图层，如图 9-17 所示。单击"图层"控制面板右上方的图标 ▾▤，在弹出的菜单中选择"锁定其他图层"命令，"图层"控制面板中除当前选中的图层外，其他所有图层都被锁定，效果如图 9-18 所示。选择"解锁所有图层"命令，可以解除所有图层的锁定。

图 9-17　　　　　　　　　　图 9-18

● 使用对象命令

选择"对象 > 锁定 > 其他图层"命令，可以锁定其他未被选中的图层。

● 使用"图层"控制面板中的锁定图标

在想要锁定的图层左侧的方框中单击鼠标，出现锁定图标 🔒，图层被锁定。再次单击锁定图标 🔒，图标消失，即解除对此图层的锁定状态。

如果在一个图层左侧的方框中单击鼠标，锁定图层，并按住鼠标左键不放，向上或向下拖曳，鼠标经过的方框中出现锁定图标 🔒，就可以快速锁定多个图层。

● 使用"图层选项"对话框

在"图层"控制面板中双击图层或图层名称，可以弹出"图层选项"对话框，选择"锁定"复选项，单击"确定"按钮，图层被锁定。

7. 合并图层

在"图层"控制面板中选择需要合并的图层，如图 9-19 所示。单击"图层"控制面板右上方的图标 ▾☰，在弹出的菜单中选择"合并所选图层"命令，所有选择的图层将合并到最后一个选择的图层或编组中，效果如图 9-20 所示。

图 9-19

图 9-20

选择下拉式菜单中的"拼合图稿"命令，所有可见的图层将合并为一个图层。合并图层时，不会改变对象在绘图页面上的排序。

9.1.4 使用图层

使用"图层"控制面板可以选择绘图页面中的对象，还可以切换对象的显示模式，更改对象的外观属性。

1. 选择对象

● 使用"图层"控制面板中的目标图标

在同一图层中的几个图形对象处于未选取状态，如图 9-21 所示。单击"图层"控制面板中要选择对象所在图层右侧的目标图标 ◯，如图 9-22 所示。目标图标变为 ◎，此时，图层中的对象被全部选中，效果如图 9-23 所示。

图 9-21

图 9-22

图 9-23

● 结合快捷键并使用"图层"控制面板

按住 Alt 键的同时，单击"图层"控制面板中的图层名称，此图层中的对象将被全部选中。

● 使用"选择"菜单下的命令

使用"选择"工具 选中同一图层中的一个对象，如图 9-24 所示。选择"选择 > 对象 >同一图层上的所有对象"命令，此图层中的对象被全部选中，如图 9-25 所示。

图 9-24　　　　　　　　　　图 9-25

2. 更改对象的外观属性

使用"图层"控制面板可以轻松地改变对象的外观。如果对一个图层应用一种特殊效果，则在该图层中的所有对象都将应用这种效果。如果将图层中的对象移动到此图层之外，对象将不再具有这种效果。因为效果仅仅作用于该图层，而不是对象。

选中一个想要改变对象外观属性的图层，如图 9-26 所示。选取图层中的全部对象，效果如图 9-27 所示。选择"效果 > 变形 > 弧形"命令，在弹出的"变形选项"对话框中进行设置，如图 9-28 所示。单击"确定"按钮，选中的图层中包括的对象全部变成弧形效果，如图 9-29 所示，也就改变了此图层中对象的外观属性。

图 9-26　　　　　　　　　　图 9-27

图 9-28　　　　　　　　　　图 9-29

在"图层"控制面板中，图层的目标图标 也是变化的。当目标图标显示为 时，表示当前图层在绘图页面上没有对象被选择，并且没有外观属性；当目标图标显示为 时，表示当前图层在绘图页面上有对象被选择，且没有外观属性；当目标图标显示为 时，表示当前图层在绘图页面上没有对象被选择，但有外观属性；当目标图标显示为 时，表示当前图层在绘图页面上有对象被选择，也有外观属性。

选择具有外观属性的对象所在的图层，拖曳此图层的目标图标到需要应用的图层的目标图标上，就可以移动对象的外观属性。在拖曳的同时按住 Alt 键，可以复制图层中对象的外观属性。

选择具有外观属性的对象所在的图层，拖曳此图层的目标图标到"图层"控制面板底部的"删除所选图层"按钮 🗑 上，这时可以取消此图层中对象的外观属性。如果此图层中包括路径，将会保留路径的填充和描边填充。

3．移动对象

在设计制作的过程中，有时需要调整各图层之间的顺序，而图层中对象的位置也会相应地发生变化。选择需要移动的图层，按住鼠标左键将该图层拖曳到需要的位置，释放鼠标，图层被移动。移动图层后，图层中的对象在绘图页面上的排列次序也会被移动。

选择想要移动的"图层 5"中的对象，如图 9-30 所示。再选择"图层"控制面板中需要放置对象的"图层 4"，如图 9-31 所示。选择"对象 > 排列 > 发送至当前图层"命令，可以将对象移动到当前选中的"图层 4"中，效果如图 9-32 所示。

图 9-30　　　　　　　　　　图 9-31　　　　　　　　　　图 9-32

单击"图层 4"右边的方形图标 ▣，按住鼠标左键不放，将该图标 ▣ 拖曳到"图层 5"中，如图 9-33 所示。可以将对象移动到"图层 5"中，效果如图 9-34 所示。

图 9-33　　　　　　　　　　图 9-34

9.2　制作图层蒙版

将一个对象制作为蒙版后，对象的内部变得完全透明，这样就可以显示下面的被蒙版对象，同时也可以遮挡住不需要显示或打印的部分。

9.2.1　课堂案例——制作环保海报

案例学习目标

学习使用图形工具、文字工具和透明度面板制作环保海报。

🔍 **案例知识要点**

使用混合模式和不透明命令绘制装饰图形。使用文字工具输入文字。使用钢笔工具绘制图形。环保海报效果如图 9-35 所示。

🔍 **效果所在位置**

资源包/Ch08/效果/制作环保海报.ai。

制作环保海报

图 9-35

STEP 1 按 Ctrl+N 组合键,新建一个文档,宽度为 210mm,高度为 297mm,取向为竖向,颜色模式为 CMYK,单击"确定"按钮。

STEP 2 选择"文件 > 置入"命令,弹出"置入"对话框,选择资源包中的"Ch08 > 素材 > 制作环保海报 > 01"文件,单击"置入"按钮,将图片置入到页面中,单击属性栏中的"嵌入"按钮,嵌入图片。选择"选择"工具 ,拖曳图片到适当的位置,效果如图 9-36 所示。

STEP 3 选择"窗口 > 图层"命令,弹出"图层"控制面板,单击"图层"控制面板下方的"创建新图层"按钮 ,创建新的图层,如图 9-37 所示。

图 9-36

STEP 4 选择"文字"工具 ,在页面中适当的位置输入需要的文字,选择"选择"工具 ,在属性栏中选择合适的字体并设置适当的文字大小,设置文字填充色的 C、M、Y、K 值分别为 73、5、90、0,填充文字,效果如图 9-38 所示。按 Ctrl+T 组合键,弹出"字符"面板,选项的设置如图 9-39 所示,文字效果如图 9-40 所示。

图 9-37   图 9-38   图 9-39   图 9-40

STEP 5 单击"图层"控制面板下方的"创建新图层"按钮 ⬚ ，创建新的图层，如图 9-41 所示。选择"钢笔"工具 ✐ ，在适当的位置绘制不规则图形，设置图形填充色的 C、M、Y、K 值分别为 85、40、100、3，填充图形，并设置描边色为无，效果如图 9-42 所示。用相同的方法绘制其他图形，效果如图 9-43 所示。

图 9-41　　　　　　图 9-42　　　　　图 9-43

STEP 6 选择"选择"工具 ↖ ，选取绘制的图形，如图 9-44 所示。选择"对象 > 变换 > 旋转"命令，弹出"旋转"对话框，选项的设置如图 9-45 所示。单击"复制"按钮，效果如图 9-46 所示。按 Ctrl+D 组合键，再次复制且旋转图形，效果如图 9-47 所示。

图 9-44　　　　　　　　图 9-45　　　　　　　图 9-46　　　　　　图 9-47

STEP 7 选择"选择"工具 ↖ ，选取需要的图形，将其拖曳至适当的位置，如图 9-48 所示。用相同方法再次拖曳其他图形位置，如图 9-49 所示。圈选绘制的图形，按 Ctrl+G 组合键将其群组，如图 9-50 所示。

图 9-48　　　　　　　　图 9-49　　　　　　　图 9-50

STEP 8 选择"文字"工具 T ，在页面中适当的位置输入需要的文字，选择"选择"工具 ↖ ，在属性栏中选择合适的字体并设置适当的文字大小，设置文字填充色的 C、M、Y、K 值分别为 85、40、100、3，填充文字，效果如图 9-51 所示。选择"选择"工具 ↖ ，选取需要的图形和文字，将其拖曳至适当的位置，如图 9-52 所示。按 Ctrl+G 组合键将其群组。

STEP 9 单击"图层"控制面板下方的"创建新图层"按钮 ⬚ ，创建新的图层，如图 9-53 所示。按 Ctrl+O 组合键，打开资源包中的"Ch08 > 素材 > 制作环保海报 > 02"文件，按 Ctrl+A 组合键，全选图形，复制并将其粘贴到正在编辑的页面中，选择"选择"工具 ，选取图形并将其拖曳到适当的位置，如图 9-54 所示。

图 9-51

图 9-52

图 9-53

图 9-54

STEP 10 选择"文字"工具 ，在页面中适当的位置输入需要的文字，选择"选择"工具 ，在属性栏中选择合适的字体并设置适当的文字大小，设置文字填充色的 C、M、Y、K 值分别为 85、40、100、3，填充文字，效果如图 9-55 所示。用相同的方法绘制其他文字，并设置适当字体和颜色，效果如图 9-56 所示。

图 9-55

图 9-56

STEP 11 单击"图层"控制面板下方的"创建新图层"按钮 ，创建新的图层，如图 9-57 所示。选择"矩形"工具 ，在适当的位置绘制与页面大小相等的矩形，设置图形填充色的 C、M、Y、K 值分别为 23、0、23、0，填充图形，并设置描边色为无，效果如图 9-58 所示。

STEP 12 选择"窗口 > 透明度"命令，弹出"透明度"控制面板，将混合模式设为"正片叠底"，将"不透明度"选项设为 44%，如图 9-59 所示，效果如图 9-60 所示。环保海报制作完成。

图 9-57

图 9-58

图 9-59

图 9-60

9.2.2 制作图像蒙版

● 使用"创建"命令制作

选择"文件 > 置入"命令，在弹出的"置入"对话框中选择图像文件，如图 9-61 所示。单击"置入"按钮，图像出现在页面中，效果如图 9-62 所示。选择"椭圆"工具 ◎，在图像上绘制一个椭圆形作为蒙版，如图 9-63 所示。

图 9-61　　　　　　　　　　　图 9-62　　　　　　　　图 9-63

使用"选择"工具 ▶，同时选中图像和椭圆形，如图 9-64 所示（作为蒙版的图形必须在图像的上面）。选择"对象 > 剪切蒙版 > 建立"命令（组合键为 Ctrl+7），制作出蒙版效果，如图 9-65 所示。图像在椭圆形蒙版外面的部分被隐藏，取消选取状态，蒙版效果如图 9-66 所示。

图 9-64　　　　　　　　　　　图 9-65　　　　　　　　图 9-66

● 使用鼠标右键的弹出式命令制作蒙版

使用"选择"工具 ▶，选中图像和椭圆形，在选中的对象上单击鼠标右键，在弹出的菜单中选择"建立剪切蒙版"命令，制作出蒙版效果。

● 用"图层"控制面板中的命令制作蒙版

使用"选择"工具 ▶，选中图像和椭圆形，单击"图层"控制面板右上方的图标 ▼≡，在弹出的菜单中选择"建立剪切蒙版"命令，制作出蒙版效果。

9.2.3 编辑图像蒙版

制作蒙版后，还可以对蒙版进行编辑，如查看、选择蒙版、增加和减少蒙版区域等。

1. 查看蒙版

使用"选择"工具 ▶，选中蒙版图像，如图 9-67 所示。单击"图层"控制面板右上方的图标 ▼≡，在弹出的菜单中选择"定位对象"命令，"图层"控制面板如图 9-68 所示。可以在"图层"控制面板中查看蒙版状态，也可以编辑蒙版。

图 9-67   图 9-68

2．锁定蒙版

使用"选择"工具 ，选中需要锁定的蒙版图像，如图 9-69 所示。选择"对象 > 锁定 > 所选对象"命令，可以锁定蒙版图像，效果如图 9-70 所示。

图 9-69   图 9-70

3．添加对象到蒙版

选中要添加的对象，如图 9-71 所示。选择"编辑 > 剪切"命令，剪切该对象。使用"直接选择"工具 ，选中被蒙版图形中的对象，如图 9-72 所示。选择"编辑 > 贴在前面、贴在后面"命令，就可以将要添加的对象粘贴到相应的蒙版图形的前面或后面，并成为图形的一部分，贴在前面的效果如图 9-73 所示。

图 9-71   图 9-72   图 9-73

4．删除被蒙版的对象

选中被蒙版的对象，选择"编辑 > 清除"命令或按 Delete 键，即可删除被蒙版的对象。

也可以在"图层"控制面板中选中被蒙版对象所在图层，再单击"图层"控制面板下方的"删除所选图层"按钮 ，也可删除被蒙版的对象。

9.3 制作文本蒙版

在 Illustrator CC 中，可以将文本制作为蒙版。根据设计需要来制作文本蒙版，可以使文本产生丰富的效果。

9.3.1 制作文本蒙版

● 使用"对象"命令制作文本蒙版

使用"矩形"工具▣绘制一个矩形，在"图形样式"控制面板中选择需要的样式，如图 9-74 所示。矩形被填充上此样式，如图 9-75 所示。

选择"文字"工具Ⓣ，在矩形上输入文字"羽毛"，使用"选择"工具▶，选中文字和矩形，如图 9-76 所示。选择"对象 > 剪切蒙版 > 建立"命令（组合键为 Ctrl+7），制作出蒙版效果，如图 9-77 所示。

图 9-74　　　　　　　图 9-75　　　　　　　图 9-76　　　　　　　图 9-77

● 使用鼠标右键弹出菜单命令制作文本蒙版

使用"选择"工具▶选中图像和文字，在选中的对象上单击鼠标右键，在弹出的菜单中选择"建立剪切蒙版"命令，制作出蒙版效果。

● 使用"图层"控制面板中的命令制作蒙版

使用"选择"工具▶选中图像和文字。单击"图层"控制面板右上方的图标▤，在弹出的菜单中选择"建立剪切蒙版"命令，制作出蒙版效果。

9.3.2 编辑文本蒙版

使用"选择"工具▶选取被蒙版的文本，如图 9-78 所示。选择"文字 > 创建轮廓"命令，将文本转换为路径，路径上出现了许多锚点，效果如图 9-79 所示。

图 9-78　　　　　　　　　　　　图 9-79

使用"直接选择"工具▷选取路径上的锚点，就可以编辑修改被蒙版的文本了，效果如图 9-80、图 9-81 和图 9-82 所示。

图 9-80　　　　　　　　图 9-81　　　　　　　　图 9-82

9.4 透明度控制面板

在透明度控制面板中可以为对象添加透明度，还可以设置透明度的混合模式。

9.4.1 课堂案例——制作旅游广告

⊕ 案例学习目标

学习使用图形工具和透明度命令制作旅游广告。

⊕ 案例知识要点

使用透明度控制面板改变图形的透明度和混合模式。使用文字工添加文字。使用文字创建轮廓命令和剪切蒙版制作图案文字。使用路径查找器绘制图形。旅游广告效果如图 9-83 所示。

⊕ 效果所在位置

资源包/Ch08/效果/制作旅游广告.ai。

图 9-83

制作旅游广告

STEP🔖1 按 Ctrl+N 组合键，新建一个文档，宽度为 210mm，高度为 297mm，取向为竖向，颜色模式为 CMYK，单击"确定"按钮。

STEP🔖2 选择"文件 > 置入"命令，弹出"置入"对话框，选择资源包中的"Ch08 > 素材 > 制作旅游广告 > 01"文件，单击"置入"按钮，将图片置入到页面中，单击属性栏中的"嵌入"按钮，嵌入图片。选择"选择"工具 ，拖曳图片到适当的位置，效果如图 9-84 所示。

STEP🔖3 选择"矩形"工具 ，在适当的位置绘制与页面大小相等的矩形，设置图形填充色的 C、M、Y、K 值分别为 2、55、92、0，填充图形，并设置描边色为无，效果如图 9-85 所示。

图 9-84

图 9-85

STEP 4 选择"窗口 > 透明度"命令，弹出"透明度"控制面板，将混合模式设为"正片叠底"，将"不透明度"选项设为 29%，如图 9-86 所示，效果如图 9-87 所示。

图 9-86   图 9-87

STEP 5 按 Ctrl+O 组合键，打开资源包中的"Ch08 > 素材 > 制作旅游广告 > 02"文件，选择"选择"工具 ，选取需要的图形，复制并将其粘贴到正在编辑的页面中，选取图形并将其拖曳到适当的位置，旋转适当的角度，如图 9-88 所示。设置图形填充色为无，设置描边色为灰色，描边粗细为 1pt，效果如图 9-89 所示。用相同方法添加其他图形，并调整图形的大小和位置，填充图形设置适当的颜色，效果如图 9-90 所示。

图 9-88   图 9-89   图 9-90

STEP 6 选择"矩形"工具 ，在适当的位置绘制与页面大小相等的矩形，如图 9-91 所示。选择"选择"工具 ，选取需要的图形，如图 9-92 所示。选择"对象 > 剪切蒙版 > 建立"命令，效果如图 9-93 所示。

图 9-91   图 9-92   图 9-93

STEP 7 按 Ctrl+O 组合键，打开资源包中的"Ch08 > 素材 > 制作旅游广告 > 03"文件，按 Ctrl+A 组合键，全选图形，复制并将其粘贴到正在编辑的页面中，选择"选择"工具 🡕，选取图形并将其 拖曳到适当的位置，如图 9-94 所示。用相同方法添加"04"文件，如图 9-95 所示。

STEP 8 选择"文字"工具 T，在页面中适当的位置输入需要的文字，选择"选择"工具 🡕， 在属性栏中选择合适的字体并设置适当的文字大小，设置文字填充色的 C、M、Y、K 值分别为 88、64、 100、50，填充文字，效果如图 9-96 所示。按 Ctrl+C 组合键复制文字，按 Ctrl+V 组合键粘贴文字，调整 文字位置，效果如图 9-97 所示。

图 9-94　　　　　　图 9-95　　　　　　　图 9-96　　　　　　　图 9-97

STEP 9 按 Shift+Ctrl+O 组合键，将文字创建轮廓，效果如图 9-98 所示。选择"文件 > 置入" 命令，弹出"置入"对话框，选择资源包中的"Ch08 > 素材 > 制作旅游广告 >05"文件，单击"置入" 按钮，将图片置入到页面中，单击属性栏中的"嵌入"按钮，嵌入图片。选择"选择"工具 🡕，拖曳图片 到适当的位置，效果如图 9-99 所示。按 Ctrl+[组合键多次，将图片向后移动到适当位置，并选取需要的 图形和图像，如图 9-100 所示。选择"对象 > 剪切蒙版 > 建立"命令，效果如图 9-101 所示。用相同 方法制作其他文字，效果如图 9-102 所示。

图 9-98　　　　　　　　图 9-99　　　　　　　　图 9-100

图 9-101　　　　　　　图 9-102

STEP 10 选择"选择"工具 🡕，选取需要的文字，将其旋转适当的角度，效果如图 9-103 所 示。选择"文字"工具 T，在页面中适当的位置输入需要的文字，选择"选择"工具 🡕，在属性栏中选 择合适的字体并设置适当的文字大小，设置文字填充色的 C、M、Y、K 值分别为 92、61、93、41，填充 文字，效果如图 9-104 所示。按 Ctrl+C 组合键复制文字，按 Ctrl+V 组合键粘贴文字，调整文字位置，设 置文字填充色的 C、M、Y、K 值分别为 77、11、68、0，填充文字，效果如图 9-105 所示。

图 9-103   图 9-104   图 9-105

STEP 11 选择"选择"工具 ，选取需要的文字，将其旋转适当的角度，效果如图 9-106 所示。选择"文字"工具 T ，在页面中适当的位置输入需要的文字，选择"选择"工具 ，在属性栏中选择合适的字体并设置适当的文字大小，设置文字填充色的 C、M、Y、K 值分别为 77、11、68、0，填充文字，效果如图 9-107 所示。用相同方法添加其他文字，效果如图 9-108 所示。按 Shift+Ctrl+O 组合键，将文字创建轮廓，效果如图 9-109 所示。

图 9-106   图 9-107   图 9-108   图 9-109

STEP 12 选择"直接选择"工具 ，选取需要的节点，按 Delete 将其删除，如图 9-110 所示。选择"矩形"工具 ，在适当的位置绘制矩形，设置图形填充色的 C、M、Y、K 值分别为 77、11、68、0，填充图形，并设置描边色为无，效果如图 9-111 所示。

图 9-110   图 9-111

STEP 13 选择"选择"工具 ，选取需要的图形，如图 9-112 所示。选择"窗口 > 路径查找器"命令，弹出"路径查找器"控制面板，单击"联集"按钮 ，如图 9-113 所示。生成新的对象，效果如图 9-114 所示。

图 9-112   图 9-113   图 9-114

STEP 14 选择"直接选择"工具 ，分别选取需要的节点，并调整节点适当的位置，如图 9-115 所示。

STEP 15 选择"文字"工具 T ，在页面中适当的位置输入需要的文字，选择"选择"工具 ，在属性栏中选择合适的字体并设置适当的文字大小，设置文字填充色的 C、M、Y、K 值分别为 77、11、68、0，填充文字，效果如图 9-116 所示。用相同的方法添加其他文字，效果如图 9-117 所示。选择"选择"工具 ，选取需要的文字，将其旋转适当的角度，效果如图 9-118 所示。旅游广告制作完成。

图 9-115　　　　　　　　　　　　　图 9-116

图 9-117　　　　　　　　　　　　图 9-118

9.4.2　认识"透明度"控制面板

透明度是 Illustrator 中对象的一个重要外观属性。Illustrator CC 的透明度设置绘图页面上的对象可以是完全透明、半透明或不透明 3 种状态。在"透明度"控制面板中，可以给对象添加不透明度，还可以改变混合模式，从而制作出新的效果。

选择"窗口 > 透明度"命令（组合键为 Shift+Ctrl+F10），弹出"透明度"控制面板，如图 9-119 所示。单击控制面板右上方的图标 ，在弹出的菜单中选择"显示缩览图"命令，可以将"透明度"控制面板中的缩览图显示出来，如图 9-120 所示。在弹出的菜单中选择"显示选项"命令，可以将"透明度"控制面板中的选项显示出来，如图 9-121 所示。

图 9-119　　　　　　　　　图 9-120　　　　　　　　　图 9-121

1."透明度"控制面板的表面属性

在图 9-119 所示的"透明度"控制面板中，当前选中对象的缩略图出现在其中。当"不透明度"选项设置为不同的数值时，效果如图 9-122 所示（默认状态下，对象是完全不透明的）。

| 不透明度值为 0 时 | 不透明度值为 50 时 | 不透明度值为 100 时 |

图 9-122

选择 "隔离混合" 选项：可以使不透明度设置只影响当前组合或图层中的其他对象。

选择 "挖空组" 选项：可以使不透明度设置不影响当前组合或图层中的其他对象，但背景对象仍然受影响。

选择 "不透明度和蒙版用来定义挖空形状" 选项：可以使用不透明度蒙版来定义对象的不透明度所产生的效果。

选中 "图层" 控制面板中要改变不透明度的图层，用鼠标单击图层右侧的图标 ◎，将其定义为目标图层，在 "透明度" 控制面板的 "不透明度" 选项中调整不透明度的数值，此时的调整会影响到整个图层不透明度的设置，包括此图层中已有的对象和将来绘制的任何对象。

2. "透明度" 控制面板的下拉式命令

单击 "透明度" 控制面板右上方的图标 ，弹出其下拉菜单，如图 9-123 所示。

"建立不透明蒙版" 命令可以将蒙版的不透明度设置应用到它所覆盖的所有对象中。

在绘图页面中选中两个对象，如图 9-124 所示。选择 "建立不透明蒙版" 命令，"透明度" 控制面板显示的效果如图 9-125 所示。制作不透明蒙版的效果如图 9-126 所示。

| 图 9-123 | 图 9-124 |

| 图 9-125 | 图 9-126 |

选择 "释放不透明蒙版" 命令，制作的不透明蒙版将被释放，对象恢复原来的效果。选中制作的不透明蒙版，选择 "停用不透明蒙版" 命令，不透明蒙版被禁用。"透明度" 控制面板的变化如图 9-127 所示。

选中制作的不透明蒙版，选择 "取消链接不透明蒙版" 命令，蒙版对象和被蒙版对象之间的链接关系被取消。"透明度"控制面板中，蒙版对象和被蒙版对象缩略图之间的"指示不透明蒙版链接到图稿"按钮 🔗 转换为"单击可将不透明蒙版链接到图稿"按钮 🔗，如图 9-128 所示。

图 9-127

图 9-128

选中制作的不透明蒙版，勾选"透明度"控制面板中的"剪切"复选项，如图 9-129 所示，不透明蒙版的变化效果如图 9-130 所示。勾选"透明度"控制面板中的"反相蒙版"复选项，如图 9-131 所示，不透明蒙版的变化效果如图 9-132 所示。

图 9-129   图 9-130   图 9-131   图 9-132

9.4.3 "透明度"控制面板中的混合模式

在"透明度"控制面板中提供了 16 种混合模式，如图 9-133 所示。打开一张图像，如图 9-134 所示。在图像上选择需要的图形，如图 9-135 所示。分别选择不同的混合模式，可以观察图像的不同变化，效果如图 9-136 所示。

图 9-133

图 9-134

图 9-135

图 9-136

9.5 课堂练习——制作洗衣粉包装

练习知识要点

使用钢笔工具、矩形工具和高斯模糊命令制作包装外形。使用文字工具输入文字。使用变形命令制作文字波浪效果和透视效果。使用混合命令制作文字立体效果。使用椭圆工具、高斯模糊和路径查找器面板制作气泡和图标效果。效果如图 9-137 所示。

效果所在位置

资源包/Ch09/效果/制作洗衣粉包装.ai。

图 9-137

制作洗衣粉包装 1　　　制作洗衣粉包装 2

9.6 课后习题——制作礼券

习题知识要点

　　使用矩形工具绘制背景效果。使用剪切蒙版命令制作图片的剪切蒙版效果。使用画笔命令制作印章效果。使用徽标元素符号库命令添加符号图形。效果如图 9-138 所示。

效果所在位置

资源包/Ch09/效果/制作礼券.ai。

图 9-138

制作礼券

第 10 章
使用混合与封套效果

本章重点讲解混合与封套效果的制作方法。使用混合命令可以产生颜色和形状的混合，生成中间对象的逐级变形。封套命令是 Illustrator CC 中很实用的一个命令，它可以用图形对象轮廓来约束其他对象的行为。

课堂学习目标

- 熟练掌握混合效果的创建方法

- 掌握封套变形命令的使用技巧

10.1 混合效果的使用

混合命令可以创建一系列处于两个自由形状之间的路径，也就是一系列样式递变的过渡图形。该命令可以在两个或两个以上的图形对象之间使用。

10.1.1 课堂案例——制作生日贺卡

案例学习目标

学习使用混合工具制作立体效果。

案例知识要点

使用钢笔工具绘制图形。使用混合工具制作立体文字。使用渐变工具添加渐变效果。使用文字工具添加宣传文字。使用轮廓化命令将文字轮廓化。生日贺卡效果如图 10-1 所示。

效果所在位置

资源包/Ch10/效果/制作生日贺卡.ai。

图 10-1

制作生日贺卡

STEP 1 按 Ctrl+N 组合键，新建一个文档，宽度为 180mm，高度为 180mm，取向为竖向，颜色模式为 CMYK，单击"确定"按钮。

STEP 2 按 Ctrl+O 组合键，打开资源包中的"Ch10 > 素材 > 制作生日贺卡 > 01"文件，按 Ctrl+A 组合键，全选图形，复制并将其粘贴到正在编辑的页面中，选择"选择"工具 ，选取图形并将其拖曳到适当的位置，如图 10-2 所示。选择"矩形"工具 ，在适当的位置绘制与页面大小相等的矩形，如图 10-3 所示。

图 10-2

图 10-3

STEP 3 选择"选择"工具 ，选取需要的图形，如图 10-4 所示。选择"对象 > 剪切蒙版 > 建立"命令，效果如图 10-5 所示。

图 10-4   图 10-5

STEP 4 选择"矩形"工具 ，在适当的位置绘制与页面大小相等的矩形，设置图形填充色的 C、M、Y、K 值分别为 2、55、92、0，填充图形，并设置描边色为无，效果如图 10-6 所示。

STEP 5 选择"窗口 > 透明度"命令，弹出"透明度"控制面板，将混合模式设为"正片叠底"，将"不透明度"选项设为 30%，如图 10-7 所示，效果如图 10-8 所示。

图 10-6   图 10-7   图 10-8

STEP 6 选择"文字"工具 ，在页面中适当的位置输入需要的文字，选择"选择"工具 ，在属性栏中选择合适的字体并设置适当的文字大小，效果如图 10-9 所示。按 Shift+Ctrl+O 组合键，将文字创建轮廓，效果如图 10-10 所示。按 Shift+Ctrl+G 组合键，将文字取消编组。

图 10-9   图 10-10

STEP 7 选择"选择"工具 ，分别选取需要的文字，调整文字的位置，效果如图 10-11 所示。

选择"矩形"工具 ，在适当的位置绘制矩形，如图 10-12 所示。

图 10-11   图 10-12

STEP 8 选择"选择"工具 ，选取需要的图形和文字，如图 10-13 所示。选择"窗口 > 路径查找器"命令，弹出"路径查找器"控制面板，单击"减去顶层"按钮 ，如图 10-14 所示。生成新的对象，效果如图 10-15 所示。

图 10-13   图 10-14   图 10-15

STEP 9 选择"直接选择"工具 ，选取需要的节点，如图 10-16 所示。按 Delete 键，删除节点，如图 10-17 所示。用相同方法删除其他节点，如图 10-18 所示。选择"钢笔"工具 ，绘制不规则图形，如图 10-19 所示。用相同方法绘制其他图形，如图 10-20 所示。

图 10-16   图 10-17   图 10-18   图 10-19   图 10-20

STEP 10 选择"选择"工具 ，选取需要的文字，如图 10-21 所示。设置文字填充色的 C、M、Y、K 值分别为 62、90、0、0，填充文字，效果如图 10-22 所示。保持文字选取状态，按住 Alt 键的同时，向左上角的拖曳图形，复制图形，调整其大小并设置文字填充色的 C、M、Y、K 值分别为 82、100、12、0，填充文字，效果如图 10-23 所示。按 Ctrl+C 组合键，复制文字。

图 10-21   图 10-22   图 10-23

STEP 11 按住 Shift 键的同时，单击选取下方文字，双击"混合"工具 ，在弹出的"混合选项"对话框中进行设置，如图 10-24 所示。单击"确定"按钮，分别在两个图形上单击鼠标，图形混合的效果如图 10-25 所示。按 Ctrl+F 组合键，将文字原位粘贴在前面，效果如图 10-26 所示。

图 10-24

图 10-25

图 10-26

STEP 12 双击"渐变"工具 ，弹出"渐变"控制面板，在色带上设置两个渐变滑块，分别将渐变滑块的位置设为 0、100，并设置 C、M、Y、K 的值分别为 0（1、2、2、2）、100（1、1、1、1）；其他选项的设置如图 10-27 所示。文字被填充为渐变色，效果如图 10-28 所示。用相同方法分别绘制其他文字，效果如图 10-29 所示。

图 10-27

图 10-28

图 10-29

STEP 13 选择"01"文件，全选需要的图形，复制并将其粘贴到正在编辑的页面中，选择"选择"工具 ，选取图形并将其拖曳到适当的位置，如图 10-30 所示。将其旋转适当的角度，效果如图 10-31 所示。按 Ctrl+ [组合键多次，向后移动图形，效果如图 10-32 所示。用相同的方法添加其他图形，效果如图 10-33 所示。

图 10-30

图 10-31

图 10-32

图 10-33

STEP 14 选择"文字"工具 T，在页面中适当的位置输入需要的文字，选择"选择"工具 ，在属性栏中选择合适的字体并设置适当的文字大小，效果如图 10-34 所示。按 Shift+Ctrl+O 组合键，将文字创建轮廓，效果如图 10-35 所示。按 Shift+Ctrl+G 组合键，将文字取消编组。

图 10-34

图 10-35

STEP 15 选择"选择"工具 ，选取需要的文字，如图 10-36 所示。设置文字填充色的 C、

M、Y、K 值分别为 83、66、0、0，填充文字，效果如图 10-37 所示。保持文字选取状态，按住 Alt 键的同时，向左下角拖曳图形，复制图形，调整其大小并设置文字填充色的 C、M、Y、K 值分别为 100、96、32、0，填充文字，效果如图 10-38 所示。按 Ctrl+C 组合键，复制文字。

图 10-36　　　　图 10-37　　　　图 10-38

STEP 16 按住 Shift 键的同时，单击选取下方文字，双击"混合"工具 ，在弹出的"混合选项"对话框中进行设置，如图 10-39 所示。单击"确定"按钮，分别在两个图形上单击鼠标，图形混合的效果如图 10-40 所示。按 Ctrl+F 组合键，将文字原位粘贴在前面，设置文字填充色的 C、M、Y、K 值分别为 76、40、0、0，填充文字，效果如图 10-41 所示。用相同的绘制其他文字，并填充适当的颜色，效果如图 10-42 所示。生日贺卡制作完成，效果如图 10-43 所示。

图 10-39　　　　　　　　图 10-40　　　　图 10-41

图 10-42　　　　　　　　　　　　图 10-43

10.1.2　创建混合对象

选择混合命令可以对整个图形、部分路径或控制点进行混合。混合对象后，中间各级路径上的点的数量、位置及点之间线段的性质取决于起始对象和终点对象上点的数目，同时还取决于在每个路径上指定的特定点。

混合命令试图匹配起始对象和终点对象上的所有点，并在每对相邻的点间画条线段。起始对象和终点对象最好包含相同数目的控制点。如果两个对象含有不同数目的控制点，Illustrator 将在中间级中增加或减少控制点。

1. 创建混合对象

（1）应用混合工具创建混合对象

选择"选择"工具 ▶，选取要进行混合的两个对象，如图 10-44 所示。选择"混合"工具 ▨，用鼠标单击要混合的起始图像，如图 10-45 所示。

图 10-44　　　　　　　　　　　　　　　　　图 10-45

在另一个要混合的图像上进行单击，将它设置为目标图像，如图 10-46 所示。绘制出的混合图像效果如图 10-47 所示。

图 10-46　　　　　　　　　　　　图 10-47

（2）应用命令创建混合对象

选择"选择"工具 ▶，选取要进行混合的对象。选择"对象 > 混合 > 建立"命令（组合键为 Alt+Ctrl+B），绘制出混合图像。

2. 创建混合路径

选择"选择"工具 ▶，选取要进行混合的对象，如图 10-48 所示。选择"混合"工具 ▨，用鼠标单击要混合的起始路径上的某一节点，光标变为实心，如图 10-49 所示。用鼠标单击另一个要混合的目标路径上的某一节点，将它设置为目标路径，如图 10-50 所示。

图 10-48　　　　　　　　　图 10-49　　　　　图 10-50

绘制出混合路径，效果如图 10-51 所示。

图 10-51

 提示

在起始路径和目标路径上单击的节点不同，所得出的混合效果也不同。

3. 继续混合其他对象

选择"混合"工具，用鼠标单击混合路径中最后一个混合对象路径上的节点，如图 10-52 所示。

图 10-52

单击想要添加的其他对象路径上的节点，如图 10-53 所示。继续混合对象后的效果如图 10-54 所示。

图 10-53

图 10-54

4. 释放混合对象

选择"选择"工具，选取一组混合对象，如图 10-55 所示。选择"对象 > 混合 > 释放"命令（组合键为 Alt+Shift+Ctrl+B），释放混合对象，效果如图 10-56 所示。

图 10-55

图 10-56

5. 使用混合选项对话框

选择"选择"工具，选取要进行混合的对象，如图 10-57 所示。选择"对象 > 混合 > 混合选项"命令，弹出"混合选项"对话框，在对话框中"间距"选项的下拉列表中选择"平滑颜色"，可以使混合的颜色保持平滑，如图 10-58 所示。

图 10-57

图 10-58

在对话框中"间距"选项的下拉列表中选择"指定的步数"，可以设置混合对象的步骤数，如图 10-59 所示。在对话框中"间距"选项的下拉列表中选择"指定的距离"选项，可以设置混合对象间的距离，如图 10-60 所示。

在对话框的"取向"选项组中有两个选项可以选择："对齐页面"选项和"对齐路径"选项，如图 10-61 所示。设置每个选项后，单击"确定"按钮。选择"对象 > 混合 > 建立"命令，将对象混合，效果如图 10-62 所示。

图 10-59

图 10-60

图 10-61

图 10-62

10.1.3 混合的形状

混合命令可以将一种形状变形成另一种形状。

1. 多个对象的混合变形

选择"钢笔"工具，在页面上绘制 4 个形状不同的对象，如图 10-63 所示。

选择"混合"工具，单击第一个对象，接着按照顺时针的方向，依次单击每个对象，这样每个对象都被混合了，效果如图 10-64 所示。

图 10-63

第一步

第二步

第三步

图 10-64

2. 绘制立体效果

选择"钢笔"工具，在页面上绘制灯笼的上底、下底和边缘线，如图 10-65 所示。选取灯笼的左右两条边缘线，如图 10-66 所示。

图 10-65

图 10-66

选择"对象 > 混合 > 混合选项"命令，弹出"混合选项"对话框，设置"指定的步数"选项数值框中的数值为 4，在"取向"选项组中选择"对齐页面"选项，如图 10-67 所示，单击"确定"按钮。选择"对象 > 混合 > 建立"命令，灯笼上面的立体竹竿即绘制完成，效果如图 10-68 所示。

图 10-67　　　　　　　　　　　　　　　　　图 10-68

10.1.4　编辑混合路径

在制作混合图形之前，需要修改混合选项的设置，否则系统将采用默认的设置建立混合图形。

混合得到的图形由混合路径相连接，自动创建的混合路径默认是直线，如图 10-69 所示，可以编辑这条混合路径。编辑混合路径可以添加、减少控制点，以及扭曲混合路径，也可将直角控制点转换为曲线控制点。

图 10-69

选择"对象 > 混合 > 混合选项"命令，弹出"混合选项"对话框，在"间距"选项组中包括 3 个选项，如图 10-70 所示。

"平滑颜色"选项：按进行混合的两个图形的颜色和形状来确定混合的步数，为默认的选项，效果如图 10-71 所示。

图 10-70　　　　　　　　　　　　　　　　图 10-71

"指定的步数"选项：控制混合的步数。当"指定的步数"选项设置为 2 时，效果如图 10-72 所示。当"指定的步数"选项设置为 7 时，效果如图 10-73 所示。

图 10-72　　　　　　　　　　　　　　　图 10-73

"指定的距离"选项：控制每一步混合的距离。当"指定的距离"选项设置为 25 时，效果如图 10-74 所示。当"指定的距离"选项设置为 2 时，效果如图 10-75 所示。

图 10-74

图 10-75

如果想要将混合图形与存在的路径结合，同时选取混合图形和外部路径，选择"对象 > 混合 > 替换混合轴"选项，可以替换混合图形中的混合路径，混合前后的效果对比如图 10-76 和图 10-77 所示。

图 10-76

图 10-77

10.1.5　操作混合对象

1. 改变混合图像的重叠顺序

选取混合图像，选择"对象 > 混合 > 反向堆叠"命令，混合图像的重叠顺序将被改变，改变前后的效果对比如图 10-78 和图 10-79 所示。

图 10-78

图 10-79

2. 打散混合图像

选取混合图像，选择"对象 > 混合 > 扩展"命令，混合图像将被打散，打散后的前后效果对比如图 10-80 和图 10-81 所示。

图 10-80

图 10-81

10.2　封套效果的使用

Illustrator CC 中提供了不同形状的封套类型，利用不同的封套类型可以改变选定对象的形状。封套不仅可以应用到选定的图形中，还可以应用于路径、复合路径、文本对象、网格、混合或导入的位图当中。

当对一个对象使用封套时，对象就像被放入到一个特定的容器中，封套使对象的本身发生相应的变化。同时，对于应用了封套的对象，还可以对其进行一定的编辑，如修改、删除等操作。

10.2.1 课堂案例——制作返现券

 案例学习目标

学习使用文字工具和封套扭曲命令制作返现券效果。

案例知识要点

使用文字工具输入文字。使用创建轮廓命令将文字轮廓化。使用封套扭曲命令将文字变形。返现券效果如图 10-82 所示。

效果所在位置

资源包/Ch10/效果/制作返现券.ai。

图 10-82

制作返现券

STEP 1 按 Ctrl+N 组合键，新建一个文档，宽度为 270mm，高度为 220mm，取向为竖向，颜色模式为 CMYK，单击"确定"按钮。

STEP 2 选择"矩形"工具，在适当的位置绘制矩形，设置图形填充色的 C、M、Y、K 值分别为 60、5、34、0，填充图形，并设置描边色为无，效果如图 10-83 所示。

STEP 3 选择"钢笔"工具，在适当的位置绘制不规则图形，设置图形填充色的 C、M、Y、K 值分别为 69、8、44、0，填充图形，并设置描边色为无，效果如图 10-84 所示。选择"窗口 > 透明度"命令，弹出"透明度"控制面板，将"不透明度"选项设为 74%，如图 10-85 所示，效果如图 10-86 所示。用相同的方法绘制其他图形，分别填充图形适当的颜色，并设置图形不透明度，效果如图 10-87 所示。

图 10-83

图 10-84

图 10-85

图 10-86 图 10-87

STEP 4 选择"文字"工具 T，在页面中适当的位置输入需要的文字，选择"选择"工具 ，在属性栏中选择合适的字体并设置适当的文字大小，效果如图 10-88 所示。选取需要的文字，如图 10-89 所示。填充文字为白色，效果如图 10-90 所示。用相同方法填充其他文字适当的颜色，效果如图 10-91 所示。

图 10-88 图 10-89

图 10-90 图 10-91

STEP 5 按 Ctrl+T 组合键，弹出"字符"面板，设置所选文字的字距为-25，设置如图 10-92 所示，文字效果如图 10-93 所示。选择"文字 > 创建轮廓"命令，将文字转换为轮廓，效果如图 10-94 所示。

图 10-92 图 10-93 图 10-94

STEP 6 选择"对象 > 路径 > 偏移路径"命令，在弹出的"偏移路径"对话框中进行设置，如图 10-95 所示，单击"确定"按钮，效果如图 10-96 所示。设置图形填充色的 C、M、Y、K 值分别为 64、89、84、56，填充图形，效果如图 10-97 所示。

图 10-95　　　　　　　　图 10-96　　　　　　　　　　图 10-97

STEP 7 选择"对象 > 取消编组"命令，取消文字群组。选择"选择"工具 ，选取需要的图形，如图 10-98 所示。多次按 Ctrl+ [组合键，将图形向后移动，效果如图 10-99 所示。

图 10-98　　　　　　　　　　　　　　图 10-99

STEP 8 选择"文字"工具 ，在页面中适当的位置输入需要的文字，选择"选择"工具 ，在属性栏中选择合适的字体并设置适当的文字大小，效果如图 10-100 所示。设置文字填充色的 C、M、Y、K 值分别为 57、5、31、0，填充文字，效果如图 10-101 所示。选取需要的文字，如图 10-102 所示。填充文字为白色，效果如图 10-103 所示。

图 10-100　　　　　　　　　　　图 10-101

图 10-102　　　　　　　　　　　图 10-103

STEP 9 按 Ctrl+T 组合键，弹出"字符"面板，设置所选文字的字距为-10，设置如图 10-104 所示，文字效果如图 10-105 所示。选择"文字 > 创建轮廓"命令，将文字转换为轮廓，效果如图 10-106 所示。

图 10-104　　　　　　　　图 10-105　　　　　　　　图 10-106

STEP 10 选择"对象 > 路径 > 偏移路径"命令，在弹出的"偏移路径"对话框中进行设置，如图 10-107 所示。单击"确定"按钮，效果如图 10-108 所示。设置图形填充色的 C、M、Y、K 值分别为 64、89、84、56，填充图形，效果如图 10-109 所示。

图 10-107

图 10-108

图 10-109

STEP 11 选择"对象 > 取消编组"命令，取消文字群组。选择"选择"工具 ▶，选取需要的图形，如图 10-110 所示。多次按 Ctrl+ [组合键，将图形向后移动，效果如图 10-111 所示。选择需要的文字，按 Ctrl+G 组合键，将其群组，效果如图 10-112 所示。

STEP 12 选择"钢笔"工具 ✎，在适当的位置绘制不规则图形，设置图形填充色的 C、M、Y、K 值分别为 0、0、0、20，填充图形，并设置描边色为无，效果如图 10-113 所示。

图 10-110

图 10-111

图 10-112

图 10-113

STEP 13 选择"选择"工具 ▶，选取需要的图形，如图 10-114 所示。选择"对象 > 封套扭曲 > 用顶层对象建立"命令，将文字封套扭曲，效果如图 10-115 所示。

图 10-114

图 10-115

STEP 14 选择"矩形"工具 ▢，在适当的位置绘制矩形，设置图形填充色的 C、M、Y、K 值分别为 9、89、67、0，填充图形，并设置描边色为无，效果如图 10-116 所示。选择"对象 > 变换 > 倾斜"命令，弹出"倾斜"对话框，选项的设置如图 10-117 所示。单击"确定"按钮，效果如图 10-118 所示。

图 10-116

STEP 15 选择"效果 > 风格化 > 投影"命令，在弹出的对话框中进行设置，设置图形填充色的 C、M、Y、K 值分别为 91、67、88、52，如图 10-119 所示。单击"确定"按钮，效果如图 10-120 所示。

图 10-117　　　　图 10-118　　　　　　图 10-119　　　　　　图 10-120

STEP 16 选择"文字"工具 T，在页面中适当的位置输入需要的文字，选择"选择"工具 ，在属性栏中选择合适的字体并设置适当的文字大小，设置文字填充色的 C、M、Y、K 值分别为 9、89、67、0，填充文字，效果如图 10-121 所示。选取需要的文字，如图 10-122 所示。设置合适的字体并设置适当的文字大小，效果如图 10-123 所示。

STEP 17 选择"钢笔"工具 ，在适当的位置绘制不规则图形，设置图形填充色的 C、M、Y、K 值分别为 9、89、67、0，填充图形，并设置描边色为无，效果如图 10-124 所示。

图 10-121　　　图 10-122　　　图 10-123　　　图 10-124

STEP 18 选择"效果 > 风格化 > 投影"命令，在弹出的对话框中进行设置，设置图形填充色的 C、M、Y、K 值分别为 59、94、100、52，如图 10-125 所示。单击"确定"按钮，效果如图 10-126 所示。

图 10-125　　　　　　　　　图 10-126

STEP 19 选择"选择"工具 ，选取需要的图形，按 Ctrl+G 组合键，将其群组，如图 10-127 所示。按住 Alt 键的同时，向左下角拖曳图形到适当的位置，并调整图形大小，效果如图 10-128 所示。将图形旋转适当的角度，效果如图 10-129 所示。选取两红包图形，按 Ctrl+G 组合键，将其群组。

图 10-127 图 10-128 图 10-129

STEP 20 选择"文字"工具 T ，在页面中适当的位置输入需要的文字，选择"选择"工具 ，在属性栏中选择合适的字体并设置适当的文字大小，设置文字填充色的 C、M、Y、K 值分别为 90、57、76、24，填充文字，效果如图 10-130 所示。

STEP 21 选择"选择"工具 ，按 Alt 键的同时，向左上角拖曳文字到适当的位置，设置图形填充色为白色，填充文字，效果如图 10-131 所示。用相同方法添加其他文字，效果如图 10-132 所示。

图 10-130 图 10-131 图 10-132

STEP 22 选择"文字"工具 T ，在页面中适当的位置输入需要的文字，选择"选择"工具 ，在属性栏中选择合适的字体并设置适当的文字大小，设置文字填充色的 C、M、Y、K 值分别为 90、57、76、24，填充文字，效果如图 10-133 所示。

STEP 23 选择"选择"工具 ，按住 Alt 键的同时，向左上角拖曳文字到适当的位置，设置文字填充色的 C、M、Y、K 值分别为 6、14、87、0，填充文字，效果如图 10-134 所示。

STEP 24 选择"钢笔"工具 ，在适当的位置绘制不规则图形，设置图形填充色的 C、M、Y、K 值分别为 82、36、61、0，填充图形，并设置描边色为无，效果如图 10-135 所示。按 Ctrl+ [组合键多次，将图形向后移动，效果如图 10-136 所示。

图 10-133 图 10-134 图 10-135 图 10-136

STEP 25 选择"钢笔"工具 ，在适当的位置绘制不规则图形，设置图形填充色的 C、M、Y、K 值分别为 0、0、0、20，填充图形，并设置描边色为无，效果如图 10-137 所示。

STEP 26 选择"选择"工具 ，选取需要的图形，如图 10-138 所示。选择"对象 > 封套扭曲 > 用顶层对象建立"命令，将文字封套扭曲，效果如图 10-139 所示。

图 10-137   图 10-138   图 10-139

STEP 27 选择"钢笔"工具，在适当的位置绘制不规则图形，设置图形填充色的 C、M、Y、K 值分别为 90、59、75、27，填充图形，并设置描边色为无，效果如图 10-140 所示。按 Ctrl+[组合键多次，将图形向后移动，效果如图 10-141 所示。

STEP 28 选择"钢笔"工具，在适当的位置绘制不规则图形，设置图形填充色的 C、M、Y、K 值分别为 82、36、61、0，填充图形，并设置描边色为无，效果如图 10-142 所示。

图 10-140   图 10-141   图 10-142

STEP 29 选择"选择"工具，按住 Alt+Shift 组合键的同时，水平向左拖曳图形到适当的位置，效果如图 6-143 所示。设置图形填充色的 C、M、Y、K 值分别为 6、14、87、0，填充图形，效果如图 10-144 所示。用相同方法添加其他图形，效果如图 10-145 所示。

STEP 30 按 Ctrl+O 组合键，打开资源包中的"Ch10 > 素材 > 制作返现券 > 01"文件，按 Ctrl+A 组合键，全选图形，复制并将其粘贴到正在编辑的页面中，选择"选择"工具，选取图形并将其拖曳到适当的位置，如图 10-146 所示。返现券制作完成。

图 10-143   图 10-144   图 10-145   图 10-146

10.2.2 创建封套

当需要使用封套来改变对象的形状时，可以应用程序所预设的封套图形，或者使用网格工具调整对象，还可以使用自定义图形作为封套。但是，该图形必须处于所有对象的最上层。

● 从应用程序预设的形状创建封套

选中对象，选择"对象 > 封套扭曲 > 用变形建立"命令（组合键为 Alt+Shift+Ctrl+W），弹出"变形选项"对话框，如图 10-147 所示。

在"样式"选项的下拉列表中提供了 15 种封套类型，可根据需要选择，如图 10-148 所示。

"水平"选项和"垂直"选项用来设置指定封套类型的放置位置。选定一个选项，在"弯曲"选项中设置对象的弯曲程度，可以设置应用封套类型在水平或垂直方向上的比例。勾选"预览"复选项，预览设置的封套效果，单击"确定"按钮，将设置好的封套应用到选定的对象中，图形应用封套前后的对比效果如图 10-149 所示。

图 10-147　　　　　　　图 10-148　　　　　　　图 10-149

- 　使用网格建立封套

选中对象，选择"对象 > 封套扭曲 > 用网格建立"命令（组合键为 Alt+Ctrl+M），弹出"封套网格"对话框。在"行数"选项和"列数"选项的数值框中，可以根据需要输入网格的行数和列数，如图 10-150 所示。单击"确定"按钮，设置完成的网格封套将应用到选定的对象中，如图 10-151 所示。

图 10-150　　　　　　　　图 10-151

设置完成的网格封套还可以通过"网格"工具 进行编辑。选择"网格"工具 ，单击网格封套对象，即可增加对象上的网格数，如图 10-152 所示。按住 Alt 键的同时，单击对象上的网格点和网格线，可以减少网格封套的行数和列数。用"网格"工具 拖曳网格点可以改变对象的形状，如图 10-153 所示。

图 10-152　　　　　　　图 10-153

- 　使用路径建立封套

同时选中对象和想要用来作为封套的路径（这时封套路径必须处于所有对象的最上层），如图 10-154 所示。选择"对象 > 封套扭曲 > 用顶层对象建立"命令（组合键为 Alt+Ctrl+C），使用路径创建的封套效果如图 10-155 所示。

图 10-154   图 10-155

10.2.3 编辑封套

用户可以对创建的封套进行编辑。由于创建的封套是将封套和对象组合在一起的，所以，既可以编辑封套，也可以编辑对象，但是两者不能同时编辑。

1. 编辑封套形状

选择"选择"工具 ，选取一个含有对象的封套。选择"对象 > 封套扭曲 > 用变形重置"命令或"用网格重置"命令，弹出"变形选项"对话框或"重置封套网格选项"对话框，这时，可以根据需要重新设置封套类型，效果如图 10-156 和图 10-157 所示。

图 10-156   图 10-157

选择"直接选择"工具 或使用"网格"工具 可以拖动封套上的锚点进行编辑。还可以使用"变形"工具 对封套进行扭曲变形，效果如图 10-158 和图 10-159 所示。

图 10-158   图 10-159

2. 编辑封套内的对象

选择"选择"工具 ，选取含有封套的对象，如图 10-160 所示。选择"对象 > 封套扭曲 > 编辑内容"命令（组合键为 Shift+Ctrl+V），对象将会显示原来的选框，如图 10-161 所示。这时在"图层"控制面板中的封套图层左侧将显示一个小三角形，这表示可以修改封套中的内容，如图 10-162 所示。

图 10-160   图 10-161   图 10-162

10.2.4 设置封套属性

对封套进行设置，使封套更好地符合图形绘制的要求。

选择一个封套对象，选择"对象 > 封套扭曲 > 封套选项"命令，弹出"封套选项"对话框，如图 10-163 所示。

勾选"消除锯齿"复选项，可以在使用封套变形的时候防止锯齿的产生，保持图形的清晰度。在编辑非直角封套时，可以选择"剪切蒙版"和"透明度"两种方式保护图形。"保真度"选项设置对象适合封套的保真度。当勾选"扭曲外观"复选项后，下方的两个选项将被激活。它可使对象具有外观属性，如应用了特殊效果，对象也随着发生扭曲变形。"扭曲线性渐变填充"和"扭曲图案填充"复选项分别用于扭曲对象的直线渐变填充和图案填充。

图 10-163

10.3 课堂练习——制作立体效果文字

练习知识要点

使用圆角矩形工具和混合工具制作底图和投影效果。使用钢笔工具、旋转工具和透明度面板制作发光效果。使用钢笔工具和渐变工具制作云彩效果。使用文字工具和混合工具制作立体文字效果。效果如图 10-164 所示。

效果所在位置

资源包/Ch10/效果/制作立体效果文字.ai。

图 10-164

制作立体效果文字

10.4 课后习题——制作丰收插画

习题知识要点

使用钢笔工具绘制枫叶和草。使用钢笔工具和混合工具制作山坡效果。使用路径查找器面板制作云效果。效果如图 10-165 所示。

效果所在位置

资源包/Ch10/效果/制作丰收插画.ai。

图 10-165

制作丰收插画

11

第 11 章
效果的使用

本章主要讲解 Illustrator CC 中强大的效果功能。通过本章的学习，读者可以掌握效果的使用方法，并把变化丰富的图形图像效果应用到实际中。

课堂学习目标

- 了解效果菜单和重复应用效果命令
- 熟练掌握效果的使用方法
- 掌握样式和外观控制面板的使用技巧

11.1 效果简介

在 Illustrator CC 中，使用效果命令可以快速地处理图像，通过对图像的变形和变色来使其更加精美。所有的效果命令都放置在"效果"菜单下，如图 11-1 所示。

"效果"菜单包括 4 个部分。第一部分是重复应用上一个效果的命令，第二部分是文档栅格化效果的设置，第三部分是应用于矢量图的效果命令，第四部分是应用于位图的效果命令。

图 11-1

11.2 重复应用效果命令

"效果"菜单的第一部分有两个命令，分别是"应用上一个效果"命令和"上一个效果"命令。当没有使用过任何效果时，这两个命令为灰色不可用状态，如图 11-2 所示。当使用过效果后，这两个命令将显示为上次所使用过的效果命令。例如，如果上次使用过"效果 > 扭曲和变换 > 扭转"命令，那么菜单将变为图 11-3 所示的命令。

图 11-2   图 11-3

选择"应用上一个效果"命令可以直接使用上次效果操作所设置好的数值，把效果添加到图像上。打开文件，如图 11-4 所示，使用"效果 > 扭曲和变换 > 扭转"命令，设置扭曲度为 40°，效果如图 11-5 所示。选择"应用扭转"命令，可以保持第一次设置的数值不变，使图像再次扭曲 40°，如图 11-6 所示。

图 11-4   图 11-5   图 11-6

在上例中，如果选择"扭转"命令，将弹出"扭转"对话框，可以重新输入新的数值，如图 11-7 所示。单击"确定"按钮，得到的效果如图 11-8 所示。

图 11-7

图 11-8

11.3　Illustrator 效果

Illustrator 效果是应用于矢量图像的效果，它包括 10 个效果组，有些效果组又包括多个效果。

11.3.1　课堂案例——制作指示路牌

⊕ 案例学习目标

学习使用文字工具和自由变换命令制作指示路牌。

⊕ 案例知识要点

使用文字工具和自由变换命令制作路牌文字。使用钢笔工具和自由变换命令制作路牌图标。指示路牌效果如图 11-9 所示。

⊕ 效果所在位置

资源包/Ch11/效果/制作指示路牌.ai。

图 11-9

制作指示路牌

STEP 1 按 Ctrl+N 组合键，新建一个文档，宽度为 325mm，高度为 257mm，取向为横向，颜色模式为 CMYK，单击"确定"按钮。

STEP 2 选择"文件 > 置入"命令，弹出"置入"对话框，选择资源包中的"Ch11 > 素材 > 制作指示路牌 > 01"文件，单击"置入"按钮，将图片置入到页面中，单击属性栏中的"嵌入"按钮，嵌入图片。选择"选择"工具 ，拖曳图片到适当的位置，效果如图 11-10 所示。

STEP 3 按 Ctrl+O 组合键，打开资源包中的"Ch11 > 素材 > 制作指示路牌 > 02"文件，按 Ctrl+A 组合键，全选图形，复制并将其粘贴到正在编辑的页面中，选择"选择"工具 ，选取图形并将其拖曳到适当的位置，如图 11-11 所示。

图 11-10 图 11-11

STEP 4 选择"文字"工具 T ，在页面中适当的位置输入需要的文字，选择"选择"工具 ，在属性栏中选择合适的字体并设置适当的文字大小，设置文字填充色为白色，填充文字，效果如图 11-12 所示。

STEP 5 选择"效果 > 扭曲和变换 > 自由扭曲"命令，弹出"自由扭曲"对话框，编辑各个节点到适当的位置，如图 11-13 所示。单击"确定"按钮，文字的变形效果如图 11-14 所示。用相同方法添加其他文字，并填充适当的颜色，效果如图 11-15 所示。用相同方法添加其他文字，效果如图 11-16 所示。

图 11-12 图 11-13 图 11-14

图 11-15 图 11-16

STEP 6 选择"钢笔"工具 ，在适当的位置绘制不规则图形，设置图形填充色为白色，填充图形，并设置描边色为无，效果如图 11-17 所示。

STEP 7 选择"滤镜 > 扭曲和变换 > 自由变换"命令，弹出"自由扭曲"对话框，编辑各个节点到适当的位置，如图 11-18 所示。单击"确定"按钮，文字的变形效果如图 11-19 所示。

图 11-17   图 11-18   图 11-19

STEP 8 按 Ctrl+O 组合键，打开资源包中的"Ch11 > 素材 > 制作指示路牌 > 02"文件，按 Ctrl+A 组合键，全选图形，复制并将其粘贴到正在编辑的页面中，选择"选择"工具 ，选取图形并将其 拖曳到适当的位置，设置图形填充色为白色，填充图形，如图 11-20 所示。

STEP 9 选择"效果 > 扭曲和变换 > 自由扭曲"命令，弹出"自由扭曲"对话框，编辑各个节 点到适当的位置，如图 11-21 所示。单击"确定"按钮，文字的变形效果如图 11-22 所示。用相同方法添 加"04"图形，填充图形为白色，并将图形自由变换，效果如图 11-23 所示。指示路牌制作完成，效果如 图 11-24 所示。

图 11-20   图 11-21   图 11-22

图 11-23   图 11-24

11.3.2 "3D"效果

"3D"效果可以将开放路径、封闭路径或位图对象转换为可以旋转、打光和投影的三维对象,如图 11-25 所示。

图 11-25

"3D"效果组中的效果如图 11-26 所示。

| 原图像 | "凸出和斜角"效果 | "绕转"效果 | "旋转"效果 |

图 11-26

11.3.3 "SVG 滤镜"效果

SVG 是将图像描述为形状、路径、文本和滤镜效果的矢量格式。生成的文件很小,可在 Web、打印甚至资源有限的手持设备上提供较高品质的图像。用户可以在不损失图像的锐利程度、细节或清晰度的情况下,在屏幕上放大 SVG 图像的视图。此外,SVG 提供对文本和颜色的高级支持,它可以确保用户看到的图像和 Illustrator 画板上所显示的一样。

SVG 效果是一系列描述各种数学运算的 XML 属性,生成的效果会应用于目标对象而不是原图形。如果对象使用了多个效果,则 SVG 效果必须是最后一个效果。

如果要从 SVG 文件导入效果,需要选择"效果 > SVG 滤镜 > 导入 SVG 滤镜"命令,如图 11-27 所示。选择要所需的 SVG 文件,然后单击"打开"按钮。

11.3.4 "变形"效果

"变形"效果使对象扭曲或变形,可作用的对象有路径、文本、网格、混合和栅格图像,如图 11-28 所示。

图 11-27

图 11-28

"变形"效果组中的效果如图 11-29 所示。

原图像	"弧形"变形	"下弧形"变形	"上弧形"变形
"拱形"变形	"凸出"变形	"凹壳"变形	"凸壳"变形
"旗形"变形	"波形"变形	"鱼形"变形	"上升"变形
"鱼眼"变形	"膨胀"变形	"挤压"变形	"扭转"变形

图 11-29

11.3.5 "扭曲和变换"效果

"扭曲和变换"效果组可以使图像产生各种扭曲变形的效果，它包括 7 个效果命令，如图 11-30 所示。

图 11-30

"扭曲"效果组中的效果如图 11-31 所示。

原图像

"变换"命令

"扭拧"命令

"扭转"命令

"收缩和膨胀"命令

"波纹效果"命令

"粗糙化"命令

"自由扭曲"命令

图 11-31

11.3.6　"栅格化"效果

"栅格化"效果是用来生成像素（非矢量数据）的效果，可以将矢量图像转化为像素图像，"栅格化"面板如图 11-32 所示。

图 11-32

11.3.7　"裁剪标记"效果

裁剪标记指示了所需的打印纸张剪切的位置，效果如图 11-33 所示。

原图像

使用"裁剪标记"效果

图 11-33

11.3.8 "路径"效果

"路径"效果可以将对象路径相对于对象的原始位置进行偏移，将文字转化为如同任何其他图形对象那样可进行编辑和操作的一组复合路径，将所选对象的描边更改为与原始描边相同粗细的填色对象，如图11-34所示。

图 11-34

11.3.9 课堂案例——制作卡通插画

🔍 案例学习目标

学习使用外发光命令、投影命令及收缩和膨胀命令制作卡通插画。

🔍 案例知识要点

使用矩形工具、直线工具和不透明度命令绘制背景底图。使用置入命令、椭圆工具、钢笔工具和路径查找器命令绘制图形。使用投影命令和外发光命令添加图形效果。卡通插画效果如图11-35所示。

🔍 效果所在位置

资源包/Ch11/效果/制作卡通插画.ai。

图 11-35

制作卡通插画

STEP🐾1 按 Ctrl+N 组合键，新建一个文档，宽度为 297mm，高度为 210mm，取向为横向，颜色模式为 CMYK，单击"确定"按钮。

STEP🐾2 选择"矩形"工具▢，在适当的位置绘制与页面大小相等的矩形，设置图形填充色的 C、M、Y、K 值分别为 8、8、55、0，填充图形，并设置描边色为无，如图11-36所示。

STEP🐾3 选择"直线"工具╱，在适当的位置绘制直线，设置描边色的 C、M、Y、K 值分别为 42、0、31、0，描边粗细为 1pt，效果如图11-37所示。选择"窗口 > 描边"命令，弹出"描边"控制面板，其他选项的设置如图11-38所示，效果如图11-39所示。

STEP🐾4 选择"窗口 > 透明度"命令，弹出"透明度"控制面板，将混合模式设为"正片叠底"，将"不透明度"选项设为 84%，如图11-40所示，效果如图11-41所示。

STEP🐾5 选择"选择"工具▶，按住 Alt+Shift 组合键的同时，水平向右拖曳直线到适当的位置，复制图形，如图11-42所示。连续按 Ctrl+D 组合键多次，复制出多条直线，效果如图11-43所示。选取直线，按 Ctrl+G 组合键，将其群组。

图 11-36　　　　图 11-37　　　　图 11-38　　　　图 11-39

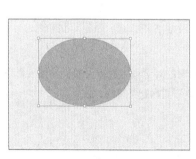

图 11-40　　　图 11-41　　图 11-42　　　　图 11-43

STEP⬛6 选择"椭圆"工具 ◯ ，在适当的位置绘制椭圆形，设置图形填充色的 C、M、Y、K 值分别为 64、0、61、0，填充图形，并设置描边色的 C、M、Y、K 值分别为 0、50、100、0，描边粗细为 1.5pt，效果如图 11-44 所示。在"描边"控制面板中，其他选项的设置如图 11-45 所示，效果如图 11-46 所示。

图 11-44　　　　　　图 11-45　　　　　　图 11-46

STEP⬛7 选择"效果 > 风格化 > 投影"命令，在弹出的对话框中进行设置，设置投影填充色的 C、M、Y、K 值分别为 57、84、89、41，如图 11-47 所示。单击"确定"按钮，效果如图 11-48 所示。

STEP⬛8 选择"矩形"工具 ▢ ，在适当的位置绘制矩形，设置图形填充色的 C、M、Y、K 值分别为 7、7、74、0，填充图形，并设置描边色为黑色，描边粗细为 1pt，效果如图 11-49 所示。

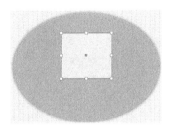

图 11-47   图 11-48   图 11-49

STEP 9 选择"矩形"工具 ，在适当的位置绘制矩形，如图 11-50 所示。选择"选择"工具
，选取需要的文字和图形，如图 11-51 所示。

STEP 10 选择"窗口 > 路径查找器"命令，弹出"路径查找器"控制面板，单击"减去顶层"
按钮 ，如图 11-52 所示，生成新的对象，效果如图 11-53 所示。

图 11-50   图 11-51   图 11-52   图 11-53

STEP 11 选择"钢笔"工具 ，在适当的位置绘制不规则图形，如图 11-54 所示。选择"选
择"工具 ，选取需要的文字和图形，如图 11-55 所示。单击"减去顶层"按钮 ，如图 11-56 所示。
生成新的对象，效果如图 11-57 所示。

图 11-54   图 11-55   图 11-56   图 11-57

STEP 12 选择"效果 > 风格化 > 投影"命令，在弹出的对话框中进行设置，设置投影填充色
的 C、M、Y、K 值分别为 89、53、73、15，如图 11-58 所示。单击"确定"按钮，效果如图 11-59 所示。

图 11-58   图 11-59

STEP 13 选择"钢笔"工具 ，在适当的位置绘制不规则图形，设置图形填充色的 C、M、Y、K 值分别为 5、4、24、0，填充图形，并设置描边色为黑色，描边粗细为 1pt，效果如图 11-60 所示。在"描边"控制面板中，其他选项的设置如图 11-61 所示，效果如图 11-62 所示。用相同方法分别绘制其他图形，并分别填充适当的颜色和投影效果，效果如图 11-63 所示。

图 11-60　　　　　　　　图 11-61　　　　　　　　图 11-62　　　　　　　　图 11-63

STEP 14 选择"钢笔"工具 ，在适当的位置绘制不规则图形，设置图形填充色的 C、M、Y、K 值分别为 64、0、61、0，填充图形，并设置描边色为无，效果如图 11-64 所示。

STEP 15 选择"效果 > 风格化 > 外发光"命令，在弹出的对话框中进行设置，设置外发光填充色为白色，如图 11-65 所示。单击"确定"按钮，效果如图 11-66 所示。用相同方法分别绘制其他图形，并分别填充适当的颜色和外发光效果，效果如图 11-67 所示。

图 11-64　　　　　　　　图 11-65　　　　　　　　图 11-66　　　　　　　　图 11-67

STEP 16 按 Ctrl+O 组合键，打开资源包中的"Ch11 > 素材 > 制作卡通插画 > 01"文件，按 Ctrl+A 组合键，全选图形，复制并将其粘贴到正在编辑的页面中，选择"选择"工具 ，选取图形并将其拖曳到适当的位置，如图 11-68 所示。

STEP 17 选择"效果 > 风格化 > 投影"命令，在弹出的对话框中进行设置，设置投影填充色的 C、M、Y、K 值分别为 89、53、73、15，如图 11-69 所示。单击"确定"按钮，效果如图 11-70 所示。选择"选择"工具 ，按住 Alt+Shift 组合键的同时，水平向右拖曳直线到适当的位置，复制图形，如图 11-71 所示。

STEP 18 选择"多边形"工具 ，在适当的位置绘制六边形，设置图形填充色的 C、M、Y、K 值分别为 0、43、0、0，填充图形，并设置描边色为黑色，描边粗细为 1pt，效果如图 11-72 所示。在"描边"控制面板中，其他选项的设置如图 11-73 所示，效果如图 11-74 所示。选择"选择"工具 ，将图形旋转适当的角度，效果如图 11-75 所示。

图 11-68　　　　　　图 11-69　　　　　　　　图 11-70　　　　　　　图 11-71

图 11-72　　　　　　图 11-73　　　　　　　图 11-74　　　　　　　图 11-75

STEP 19 选择"效果 > 扭曲和变换 > 收缩和膨胀"命令，在弹出的对话框中进行设置，如图 11-76 所示。单击"确定"按钮，效果如图 11-77 所示。

STEP 20 选择"星形"工具 ☆ ，在适当的位置绘制星形，设置图形填充色的 C、M、Y、K 值分别为 1、72、12、0，填充图形，并设置描边色为无，效果如图 11-78 所示。

图 11-76　　　　　　　　　　　　图 11-77　　　　　　图 11-78

STEP 21 选择"效果 > 扭曲和变换 > 收缩和膨胀"命令，在弹出的对话框中进行设置，如图 11-79 所示。单击"确定"按钮，效果如图 11-80 所示。

图 11-79　　　　　　　　　　图 11-80

STEP 22 选择"效果 > 风格化 > 外发光"命令，在弹出的对话框中进行设置，设置外发光填充色为白色，如图 11-81 所示。单击"确定"按钮，效果如图 11-82 所示。

图 11-81   图 11-82

STEP 23 按 Ctrl+O 组合键，分别打开资源包中的"Ch11 > 素材 > 制作卡通插画 > 02、03"文件，按 Ctrl+A 组合键，全选图形，分别复制并将其粘贴到正在编辑的页面中，选择"选择"工具，选取图形并将其拖曳到适当的位置，如图 11-83 所示。

STEP 24 选择"椭圆"工具，按住 Shift 键的同时，在适当位置绘制一个圆形，设置图形填充色的 C、M、Y、K 值分别为 47、0、18、0，填充图形，并设置描边色的 C、M、Y、K 值分别为 58、86、99、46，描边粗细为 0.5pt，效果如图 11-84 所示。在"描边"控制面板中，其他选项的设置如图 11-85 所示，效果如图 11-86 所示。

图 11-83   图 11-84   图 11-85   图 11-86

STEP 25 选择"选择"工具，按住 Alt+Shift 组合键的同时，水平向右拖曳圆形到适当的位置，复制图形，如图 11-87 所示。连续按 Ctrl+D 组合键多次，复制出多个圆形，效果如图 11-88 所示。选取圆形，按 Ctrl+G 组合键，将其群组。

图 11-87   图 11-88

STEP 26 选择"选择"工具，选取需要的图形，如图 11-89 所示。在"路径查找器"面板中单击"联集"按钮，如图 11-90 所示。将多个图形合并成一个图形，如图 11-91 所示。

图 11-89

图 11-90

图 11-91

STEP 27 选择"矩形"工具 ▣，在适当的位置绘制矩形，如图 11-92 所示。选择"选择"工具 ▶，选取需要的图形，在"路径查找器"控制面板中，单击"减去顶层"按钮 ▣，如图 11-93 所示。生成新的对象，效果如图 11-94 所示。

图 11-92

图 11-93

图 11-94

STEP 28 选择"选择"工具 ▶，选取需要的图形，将其拖曳至适当的位置，如图 11-95 所示。按住 Alt 键的同时，向右下拖曳图形，复制图形，设置图形填充色的 C、M、Y、K 值分别为 47、0、18、0，填充图形，效果如图 11-96 所示。用相同方法复制其他图形，并填充适当的颜色，效果如图 11-97 所示。选取绘制的图形，按 Ctrl+G 组合键，将其群组。

图 11-95

图 11-96

图 11-97

STEP 29 选择"矩形"工具 ▣，在适当的位置绘制矩形，如图 11-98 所示。选择"选择"工具 ▶，选取需要的图形，如图 11-99 所示。选择"对象 > 剪切蒙版 > 建立"命令，效果如图 11-100 所示。卡通插画绘制完成，效果如图 11-101 所示。

图 11-98

图 11-99

图 11-100

图 11-101

11.3.10 "路径查找器"效果

"路径查找器"效果可以将组、图层或子图层合并到单一的可编辑对象中，如图 11-102 所示。

图 11-102

11.3.11 "转换为形状"效果

"转换为形状"效果可以将矢量对象的形状转换为矩形、圆角矩形或椭圆，如图 11-103 所示。

图 11-103

"转换为形状"效果组中的效果如图 11-104 所示。

原图像

矩形效果

圆角矩形效果

椭圆效果

图 11-104

11.3.12 "风格化"效果

"风格化"效果组可以增强对象的外观效果，如图 11-105 所示。

图 11-105

1. 内发光命令

此命令可以在对象的内部创建发光的外观效果。选中要添加内发光效果的对象，如图 11-106 所示。选择"效果 > 风格化 > 内发光"命令，在弹出的"内发光"对话框中设置数值，如图 11-107 所示。单击"确定"按钮，对象的内发光效果如图 11-108 所示。

图 11-106   图 11-107   图 11-108

2. 圆角命令

此命令可以为对象添加圆角效果。选中要添加圆角效果的对象，如图 11-109 所示。选择"效果 > 风格化 > 圆角"命令，在弹出的"圆角"对话框中设置数值，如图 11-110 所示。单击"确定"按钮，对象的效果如图 11-111 所示。

图 11-109   图 11-110   图 11-111

3. 外发光命令

此命令可以在对象的外部创建发光的外观效果。选中要添加外发光效果的对象，如图 11-112 所示。选择"效果 > 风格化 > 外发光"命令，在弹出的"外发光"对话框中设置数值，如图 11-113 所示。单击"确定"按钮，对象的外发光效果如图 11-114 所示。

图 11-112   图 11-113   图 11-114

4. 投影命令

此命令可为对象添加投影。选中要添加投影的对象，如图 11-115 所示。选择"效果 > 风格化 > 投影"命令，在弹出的"投影"对话框中设置数值，如图 11-116 所示。单击"确定"按钮，对象的投影效果如图 11-117 所示。

图 11-115　　　　　　　　　　图 11-116　　　　　　　　　　图 11-117

5. 涂抹命令

选中要添加涂抹效果的对象，如图 11-118 所示。选择"效果 > 风格化 > 涂抹"命令，在弹出的"涂抹选项"对话框中设置数值，如图 11-119 所示。单击"确定"按钮，对象的效果如图 11-120 所示。

图 11-118　　　　　　　　　　图 11-119　　　　　　　　　　图 11-120

6. 羽化命令

此命令将对象的边缘从实心颜色逐渐过渡为无色。选中要羽化的对象，如图 11-121 所示。选择"效果 > 风格化 > 羽化"命令，在弹出的"羽化"对话框中设置数值，如图 11-122 所示。单击"确定"按钮，对象的效果如图 11-123 所示。

图 11-121　　　　　　　　　　图 11-122　　　　　　　　　　图 11-123

11.4 Photoshop 效果

Photoshop 效果是应用于位图图像的效果，它包括一个效果库和 9 个效果组，有些效果组又包括多个效果。

 提示

在应用 Photoshop 效果制作图像效果之前，要确定当前新建页面是在 RGB 模式之下，否则效果的各选项为不可用。

11.4.1 课堂案例——制作电影节海报

案例学习目标

学习使用高斯模糊命令和阴影线命令制作电影节海报。

案例知识要点

使用高斯模糊命令和阴影线命令绘制海报底图。使用文字工具、混合命令和铜版雕刻命令制作标题文字。使用文字工具、圆角矩形工具和渐变工具添加装饰图形和文字。制作电影节海报效果如图 11-124 所示。

效果所在位置

资源包/Ch11/效果/制作电影节海报.ai。

图 11-124

制作电影节海报

STEP 1 按 Ctrl+N 组合键，新建一个文档，宽度为 210mm，高度为 297mm，取向为竖向，颜色模式为 CMYK，单击"确定"按钮。

STEP 2 选择"文件 > 置入"命令，弹出"置入"对话框，选择资源包中的"Ch11 > 素材 > 制作电影节海报 > 01"文件，单击"置入"按钮，将图片置入到页面中，单击属性栏中的"嵌入"按钮，嵌入图片。选择"选择"工具，拖曳图片到适当的位置，效果如图 11-125 所示。

STEP 3 选择"效果 > 模糊 > 高斯模糊"命令，弹出"高斯模糊"对话框，选项的设置如图 11-126 所示。单击"确定"按钮，图形效果如图 11-127 所示。

高斯模糊

半径(R)：[44] 像素

□ 预览(P)　　确定　　取消

图 11-125　　　　　　　　图 11-126　　　　　　　　图 11-127

STEP 4 选择"文件 > 置入"命令，弹出"置入"对话框，选择资源包中的"Ch11 > 素材 > 制作电影节海报 > 02"文件，单击"置入"按钮，将图片置入到页面中，单击属性栏中的"嵌入"按钮，嵌入图片。选择"选择"工具，拖曳图片到适当的位置，效果如图 11-128 所示。

STEP 5 选择"椭圆"工具，按住 Shift 键的同时，在图像上方绘制一个圆形，如图 11-129 所示。选择"选择"工具，选取需要的图形，如图 11-130 所示。选择"对象 > 剪切蒙版 > 建立"命令，效果如图 11-131 所示。

图 11-128　　　　　图 11-129　　　　　图 11-130　　　　　图 11-131

STEP 6 选择"选择"工具，选取需要的图片，选择"效果 > 画笔描边 > 阴影线"命令，在弹出的"阴影线"对话框中进行设置，如图 11-132 所示。单击"确定"按钮，图像效果如图 11-133 所示。

图 11-132　　　　　　　　　　　　　　　　图 11-133

STEP 7 选择"直排文字"工具 T，在页面中适当的位置输入需要的文字，选择"选择"工具 ，在属性栏中选择合适的字体并设置适当的文字大小，设置文字填充色的 C、M、Y、K 值分别为 71、91、90、68，填充文字，效果如图 11-134 所示。

STEP 8 选择"对象 > 变换 > 倾斜"命令，弹出"倾斜"对话框，选项的设置如图 11-135 所示。单击"确定"按钮，效果如图 11-136 所示。

图 11-134 　　　　　　　　图 11-135 　　　　　　　　图 11-136

STEP 9 选择"文字"工具 T，在页面中适当的位置输入需要的文字，选择"选择"工具 ，在属性栏中选择合适的字体并设置适当的文字大小，设置文字填充色的 C、M、Y、K 值分别为 61、32、27、0，填充文字，效果如图 11-137 所示。选取需要的文字，如图 11-138 所示。在属性栏中选择合适的字体，效果如图 11-139 所示。

图 11-137 　　　　　　　　图 11-138 　　　　　　　　图 11-139

STEP 10 按 Ctrl+T 组合键，弹出"字符"面板，设置所选文字的字距为-25，设置如图 11-140 所示，文字效果如图 11-141 所示。选择"对象 > 变换 > 倾斜"命令，弹出"倾斜"对话框，选项的设置如图 11-142 所示。单击"确定"按钮，效果如图 11-143 所示。

图 11-140 　　　　　　　　　　图 11-141

图 11-142

图 11-143

STEP 11 选择"文字 > 创建轮廓"命令，将文字转换为轮廓，效果如图 11-144 所示。选择"选择"工具 ，按住 Alt 键的同时，向左上拖曳文字到适当的位置，复制文字，如图 11-145 所示。设置文字填充色的 C、M、Y、K 值分别为 90、71、65、35，填充文字，效果如图 11-146 所示。按 Ctrl+C 组合键，复制文字。

图 11-144

图 11-145

图 11-146

STEP 12 按住 Shift 键的同时，单击选取下方文字，双击"混合"工具 ，在弹出的"混合选项"对话框中进行设置，如图 11-147 所示。单击"确定"按钮，分别在两个图形上单击鼠标，图形混合的效果如图 11-148 所示。按 Ctrl+F 组合键，将文字原位粘贴在前面，效果如图 11-149 所示。

图 11-147

图 11-148

图 11-149

STEP 13 选择"选择"工具 ，选取需要的文字，设置文字填充色为白色，填充文字，效果如图 11-150 所示。选择"对象 > 像素画 > 铜版雕刻"命令，弹出"铜版雕刻"对话框，选项的设置如图 11-151 所示。单击"确定"按钮，效果如图 11-152 所示。

STEP 14 选择"选择"工具 ，选取需要的文字，按 Ctrl+G 组合键，将其群组，效果如图 11-153 所示。选择"文字"工具 ，在页面中适当的位置输入需要的文字，选择"选择"工具 ，在属性栏中选择合适的字体并设置适当的文字大小，效果如图 11-154 所示。按 Shift+Ctrl+O 组合键，将文字转换为轮廓，效果如图 11-155 所示。

图 11-150

图 11-151

图 11-152

图 11-153

图 11-154

图 11-155

STEP 15 双击"渐变"工具 ，弹出"渐变"控制面板，在色带上设置两个渐变滑块，分别将渐变滑块的位置设为 0、100，并设置 C、M、Y、K 的值分别为 0（0、0、0、0）、100（0、0、0、51）；其他选项的设置如图 11-156 所示。文字被填充为渐变色，效果如图 11-157 所示。按 Shift+Ctrl+G 组合键，取消文字群组，并选取需要的文字，如图 11-158 所示。

图 11-156

图 11-157

图 11-158

STEP 16 保持文字选取状态，设置文字填充色的 C、M、Y、K 值分别为 5、17、88、0，填充文字，效果如图 11-159 所示。选择"选择"工具 ，选取需要的文字，按 Ctrl+G 组合键，将其群组，效果如图 11-160 所示。用相同方法添加其他文字，效果如图 11-161 所示。

图 11-159

图 11-160

图 11-161

STEP 17 选择"文字"工具 ，在页面中适当的位置输入需要的文字，选择"选择"工具 ，在属性栏中选择合适的字体并设置适当的文字大小，设置文字填充色为白色，填充文字，效果如图 11-162 所示。用相同方法添加其他文字，效果如图 11-163 所示。

STEP 18 选择"圆角矩形"工具 ，在页面中单击鼠标，弹出"圆角矩形"对话框，在对话框中进行设置，如图 11-164 所示。单击"确定"按钮，得到一个圆角矩形。设置图形填充色的 C、M、Y、K 值分别为 4、24、86、0，填充图形，并设置描边色为无，如图 11-165 所示。

图 11-162　　　　　　　　图 11-163　　　　　　　　图 11-164　　　　　　　　图 11-165

STEP 19 选择"对象 > 变换 > 倾斜"命令，弹出"倾斜"对话框，选项的设置如图 11-166 所示。单击"确定"按钮，效果如图 11-167 所示。

图 11-166　　　　　　　　　　　　　图 11-167

STEP 20 选择"文字"工具 T，在页面中适当的位置输入需要的文字，选择"选择"工具，在属性栏中选择合适的字体并设置适当的文字大小，效果如图 11-168 所示。用相同方法添加其他文字，并分别设置适当的颜色，效果如图 11-169 所示。电影节海报制作完成。

图 11-168　　　　　　　　图 11-169

11.4.2　"像素化"效果

"像素化"效果组可以将图像中颜色相似的像素合并起来，产生特殊的效果，如图 11-170 所示。

图 11-170

"像素化"效果组中的效果如图 11-171 所示。

原图像　　　　　　"彩色半调"效果　　　　　"晶格化"效果　　　　　"点状化"效果　　　　　"铜版雕刻"效果

图 11-171

11.4.3　"扭曲"效果

"扭曲"效果组可以对像素进行移动或插值来使图像达到扭曲效果，如图 11-172 所示。

图 11-172

"扭曲"效果组中的效果如图 11-173 所示。

原图像　　　　　　"扩散亮光"效果　　　　　"海洋波纹"效果　　　　　"玻璃"效果

图 11-173

11.4.4　"模糊"效果

"模糊"效果组可以削弱相邻像素之间的对比度，使图像达到柔化的效果，如图 11-174 所示。

图 11-174

1."径向模糊"效果

"径向模糊"效果可以使图像产生旋转或运动的效果，模糊的中心位置可以任意调整。

选中图像，如图 11-175 所示。选择"效果 > 模糊 > 径向模糊"命令，在弹出的"径向模糊"对话框中进行设置，如图 11-176 所示。单击"确定"按钮，图像效果如图 11-177 所示。

图 11-175　　　　　　　　　图 11-176　　　　　　　　　图 11-177

2. "特殊模糊"效果

"特殊模糊"效果可以使图像背景产生模糊效果，可以用来制作柔化效果。

选中图像，如图 11-178 所示。选择"效果 > 模糊 > 特殊模糊"命令，在弹出的"特殊模糊"对话框中进行设置，如图 11-179 所示。单击"确定"按钮，图像效果如图 11-180 所示。

图 11-178　　　　　　　　　图 11-179　　　　　　　　　图 11-180

3. "高斯模糊"效果

"高斯模糊"效果可以使图像变得柔和，可以用来制作倒影或投影。

选中图像，如图 11-181 所示。选择"效果 > 模糊 > 高斯模糊"命令，在弹出的"高斯模糊"对话框中进行设置，如图 11-182 所示。单击"确定"按钮，图像效果如图 11-183 所示。

图 11-181　　　　　　　　　图 11-182　　　　　　　　　图 11-183

11.4.5 课堂案例——制作礼品店宣传单

案例学习目标

学习使用文字工具、高斯模糊效果命令和涂抹效果命令制作礼品店宣传单。

案例知识要点

使用高斯模糊效果命令制作背景。使用文字工具和涂抹效果命令制作标题文字。使用绘图工具、收缩、变换命令及模糊命令绘制高光。使用文字工具和渐变命令添加宣传文字。礼品店宣传单效果如图11-184所示。

效果所在位置

资源包/Ch11/效果/制作礼品店宣传单.ai。

图 11-184

制作礼品店宣传单

STEP★1 按 Ctrl+N 组合键，新建一个文档，宽度为 210mm，高度为 297mm，取向为竖向，颜色模式为 CMYK，单击"确定"按钮。

STEP★2 选择"文件 > 置入"命令，弹出"置入"对话框，选择资源包中的"Ch11 > 素材 > 制作礼品店宣传单 > 01"文件，单击"置入"按钮，将图片置入到页面中，单击属性栏中的"嵌入"按钮，嵌入图片。选择"选择"工具 ➤，拖曳图片到适当的位置，效果如图 11-185 所示。

STEP★3 选择"效果 > 模糊 > 高斯模糊"命令，弹出"高斯模糊"对话框，选项的设置如图 11-186 所示。单击"确定"按钮，图形效果如图 11-187 所示。

图 11-185　　　　　　　　　图 11-186　　　　　　　　　图 11-187

STEP★4 按 Ctrl+O 组合键，打开资源包中的"Ch11 > 素材 > 制作礼品店宣传单 > 02"文件，按 Ctrl+A 组合键，全选图形，复制并将其粘贴到正在编辑的页面中，选择"选择"工具 ➤，选取图形并将其拖曳到适当的位置，如图 11-188 所示。

STEP 5 选择"矩形"工具■，在适当的位置绘制与页面大小相等的矩形，如图 11-189 所示。选择"选择"工具▶，选取需要的图形，如图 11-190 所示。选择"对象 > 剪切蒙版 > 建立"命令，效果如图 11-191 所示。

图 11-188　　　　　　图 11-189　　　　　　图 11-190　　　　　　图 11-191

STEP 6 选择"文字"工具 T ，在页面中适当的位置输入需要的文字，选择"选择"工具▶，在属性栏中选择合适的字体并设置适当的文字大小，效果如图 11-192 所示。选择"文字 > 创建轮廓"命令，将文字转换为轮廓，效果如图 11-193 所示。

图 11-192　　　　　　　　　　图 11-193

STEP 7 选择"文件 > 置入"命令，弹出"置入"对话框，选择资源包中的"Ch11 > 素材 > 制作礼品店宣传单 > 03"文件，单击"置入"按钮，将图片置入到页面中，单击属性栏中的"嵌入"按钮，嵌入图片。选择"选择"工具▶，拖曳图片到适当的位置，效果如图 11-194 所示。

STEP 8 按 Ctrl+ [组合键，将图形向后移动，按住 Shift 键的同时，选取需要的图形，如图 11-195 所示。选择"对象 > 剪切蒙版 > 建立"命令，效果如图 11-196 所示。

图 11-194　　　　　　　　图 11-195　　　　　　　　图 11-196

STEP 9 选择"效果 > 风格化 > 涂抹"命令，在弹出的"涂抹选项"对话框中进行设置，如图 11-197 所示。单击"确定"按钮，图像效果如图 11-198 所示。

图 11-197 　　　　　　　　　　　　　　图 11-198

STEP 10 选择"直排文字"工具，在页面中适当的位置输入需要的文字，选择"选择"工具，在属性栏中选择合适的字体并设置适当的文字大小，设置文字填充色的 C、M、Y、K 值分别为 71、91、90、68，填充文字，效果如图 11-199 所示。

STEP 11 选择"文字"工具，在页面中适当的位置输入需要的文字，选择"选择"工具，在属性栏中选择合适的字体并设置适当的文字大小，效果如图 11-200 所示。用相同方法添加其他文字，效果如图 11-201 所示。

图 11-199 　　　　　　图 11-200 　　　　　　图 11-201

STEP 12 选择"多边形"工具，在适当的位置绘制六边形，设置图形填充色的 C、M、Y、K 值分别为 0、66、91、0，填充图形，并设置描边色为无，效果如图 11-202 所示。选择"选择"工具，将图形选取适当的角度，效果如图 11-203 所示。

STEP 13 选择"效果 > 扭曲和变换 > 收缩和膨胀"命令，在弹出的对话框中进行设置，如图 11-204 所示。单击"确定"按钮，效果如图 11-205 所示。

图 11-202 　　　　图 11-203 　　　　　　图 11-204 　　　　　　图 11-205

STEP 14 选择"选择"工具 ，选取需要的图形，按 Ctrl+C 组合键，复制图形，按 Ctrl+V 组合键，粘贴图形，如图 11-206 所示。按住 Alt+Shift 组合键的同时，等比例缩小图形，效果如图 11-207 所示。设置图形填充色的 C、M、Y、K 值分别为 5、32、37、0，填充图形，效果如图 11-208 所示。选取绘制的图形，按 Ctrl+G 组合键将其群组。

STEP 15 选择"文字"工具 ，在页面中适当的位置输入需要的文字，选择"选择"工具 ，在属性栏中选择合适的字体并设置适当的文字大小，设置文字填充色的 C、M、Y、K 值分别为 7、2、86、0，填充文字，效果如图 11-209 所示。

　　图 11-206　　　　图 11-207　　　　图 11-208　　　　　　图 11-209

STEP 16 选择"多边形"工具 ，在适当的位置绘制六边形，设置图形填充色为白色，填充图形，并设置描边色为无，效果如图 11-210 所示。选择"选择"工具 ，将图形选取适当的角度，效果如图 11-211 所示。

STEP 17 选择"效果 > 扭曲和变换 > 收缩和膨胀"命令，在弹出的对话框中进行设置，如图 11-212 所示。单击"确定"按钮，效果如图 11-213 所示。

　　图 11-210　　　　图 11-211　　　　　　　图 11-212　　　　　　　图 11-213

STEP 18 选择"效果 > 模糊 > 高斯模糊"命令，弹出"高斯模糊"对话框，选项的设置如图 11-214 所示。单击"确定"按钮，图形效果如图 11-215 所示。用相同方法添加其他高光，效果如图 11-216 所示。

　　　图 11-214　　　　　　　图 11-215　　　　　　图 11-216

STEP 19 选择"文字"工具 ，在页面中适当的位置输入需要的文字，选择"选择"工具 ，在属性栏中选择合适的字体并设置适当的文字大小，效果如图 11-217 所示。按 Ctrl+T 组合键，弹出"字符"面板，设置所选文字的水平缩放为 150%，设置如图 11-218 所示，文字效果如图 11-219 所示。

图 11-217　　　　　　　　　　　图 11-218　　　　　　　　　　　图 11-219

STEP 20 选择"文字"工具 T，选取需要的文字，如图 11-220 所示。在属性栏中选择文字大小为 150，效果如图 11-221 所示。按 Shift+Ctrl+O 组合键，将文字转换为轮廓，效果如图 11-222 所示。按 Shift+Ctrl+G 组合键，取消文字群组。

图 11-220　　　　　　　　　　　图 11-221　　　　　　　　　　　图 11-222

STEP 21 选择"选择"工具 ，选取需要的文字，如图 11-223 所示。双击"渐变"工具 ，弹出"渐变"控制面板，在色带上设置两个渐变滑块，分别将渐变滑块的位置设为 0、100，并设置 C、M、Y、K 的值分别为 0（0、46、6、0）、100（3、0、58、0）；其他选项的设置如图 11-224 所示。文字被填充为渐变色，效果如图 11-225 所示。用相同方法添加其他高光，效果如图 11-226 所示。

图 11-223　　　　　图 11-224　　　　　图 11-225　　　　　图 11-226

STEP 22 选择"选择"工具 ，选取需要的文字，如图 11-227 所示。设置文字填充色的 C、M、Y、K 值分别为 7、84、0、0，填充文字，如图 11-228 所示。用相同方法填充其他文字颜色，如图 11-229 所示。选取需要的文字，按 Ctrl+G 组合键，将其群组。

图 11-227　　　　　　　　　　　图 11-228　　　　　　　　　　　图 11-229

STEP 23 选择"文字"工具 T，在页面中适当的位置输入需要的文字，选择"选择"工具 ，在属性栏中选择合适的字体并设置适当的文字大小，设置文字填充色的 C、M、Y、K 值分别为 17、95、16、0，填充文字，效果如图 11-230 所示。用相同方法添加其他文字，并分别设置适当的颜色，效果如图 11-231 所示。礼品店宣传单制作完成，效果如图 11-232 所示。

图 11-230

图 11-231

图 11-232

11.4.6　"画笔描边"效果

"画笔描边"效果组可以通过不同的画笔和油墨设置产生类似绘画的效果，如图 11-233 所示。

图 11-233

"画笔描边"效果组中的各效果如图 11-234 所示。

原图像　　　　　"喷溅"效果　　　　"喷色描边"效果　　　"墨水轮廓"效果　　　"强化的边缘"效果

"成角的线条"效果　　　"深色线条"效果　　　"烟灰墨"效果　　　"阴影线"效果

图 11-234

11.4.7 "素描"效果

"素描"效果组可以模拟现实中的素描、速写等美术方法对图像进行处理，如图 11-235 所示。

图 11-235

"素描"效果组中的各效果如图 11-236 所示。

原图像　　　"便条纸"效果　　　"半调图案"效果　　　"图章"效果

"基底凸现"效果　　　"影印"效果　　　"撕边"效果　　　"水彩画纸"效果

"炭笔"效果　　　"炭精笔"效果　　　"石膏效果"效果　　　"粉笔和炭笔"效果

"绘图笔"效果　　　"网状"效果　　　"铬黄"效果

图 11-236

11.4.8 "纹理"效果

"纹理"效果组可以使图像产生各种纹理效果，还可以利用前景色在空白的图像上制作纹理图，如图 11-237 所示。"纹理"效果组中的各效果如图 11-238 所示。

原图像　　　　　　　"拼缀图"效果　　　　　　"染色玻璃"效果

图 11-237　　　　　　　　　　　　　图 11-238

"纹理化"效果　　　　"颗粒"效果　　　"马赛克拼贴"效果　　　"龟裂缝"效果

图 11-238（续）

11.4.9 "艺术效果"效果

"艺术效果"效果组可以模拟不同的艺术派别，使用不同的工具和介质为图像创造出不同的艺术效果，如图 11-239 所示。

图 11-239

"艺术效果"效果组中的各效果如图 11-240 所示。

原图像　　　　　"塑料包装"效果　　　　　"壁画"效果　　　　　"干画笔"效果

"底纹效果"效果　　　　"彩色铅笔"效果　　　　"木刻"效果　　　　"水彩"效果

"海报边缘"效果　　　　"海绵"效果　　　　"涂抹棒"效果　　　　"粗糙蜡笔"效果

"绘画涂抹"效果　　　　"胶片颗粒"效果　　　　"调色刀"效果　　　　"霓虹灯光"效果

图 11-240

11.4.10　"视频"效果

"视频"效果组可以从摄像机输入图像或将 Illustrator 格式的图像输入到录像带上，主要用于解决 Illustrator 格式图像与视频图像交换时产生的系统差异问题，如图 11-241 所示。

图 11-241

NTSC 颜色：将色域限制在用于电视机重现时的可接受范围内，以防止过饱和颜色渗到电视扫描行中。

逐行：通过移去视频图像中的奇数或偶数扫描行，使在视频上捕捉的运动图像变得更平滑。可以选择通过复制或插值来替换移去的扫描行。

11.4.11　"风格化"效果

"风格化"效果组中只有一个效果，如图 11-242 所示。

"照亮边缘"效果可以把图像中的低对比度区域变为黑色，高对比度区域变为白色，从而使图像上不同颜色的交界处出现发光效果。

选择"选择"工具 ，选中图像，如图 11-243 所示。选择"效果 > 风格化 > 照亮边缘"命令，在弹出的"照亮边缘"对话框中进行设置，如图 11-244 所示。单击"确定"按钮，图像效果如图 11-245 所示。

图 11-242　　　　　　　　　　　　　　　　图 11-243

图 11-244　　　　　　　　　　　　　　图 11-245

11.5　样式

Illustrator CC 提供了多种样式库供选择和使用。下面具体介绍各种样式的使用方法。

11.5.1　"图形样式"控制面板

选择"窗口 > 图形样式"命令，弹出"图形样式"控制面板。在默认的状态下，控制面板的效果如图 11-246 所示。在"图形样式"控制面板中，系统提供多种预置的样式。在制作图像的过程中，不但可以任意调用控制面板中的样式，还可以创建、保存和管理样式。在"图形样式"控制面板的下方，"断开图形样式链接"按钮 用于断开样式与图形之间的链接；"新建图形样式"按钮 用于建立新的样式；"删除图形样式"按钮 用于删除不需要的样式。

Illustrator CC 提供了丰富的样式库，可以根据需要调出样式库。选择"窗口 ＞ 图形样式库"命令，弹出其子菜单，如图 11-247 所示，用以调出不同的样式库，如图 11-248 所示。

提示

Illustrator CC 中的样式有 CMYK 颜色模式和 RGB 颜色模式两种类型。

图 11-246

图 11-247

图 11-248

11.5.2　使用样式

选中要添加样式的图形，如图 11-249 所示。在"图形样式"控制面板中单击要添加的样式，如图 11-250 所示。图形被添加样式后的效果如图 11-251 所示。

图 11-249

图 11-250

图 11-251

定义图形的外观后，可以将其保存。选中要保存外观的图形，如图 11-252 所示。单击"图形样式"控制面板中的"新建图形样式"按钮 ，样式被保存到样式库，如图 11-253 所示。

图 11-252

图 11-253

用鼠标将图形直接拖曳到"图形样式"控制面板中也可以保存图形的样式，如图 11-254 所示。

当把"图形样式"控制面板中的样式添加到图形上时，Illustrator CC 将在图形和选定的样式之间创建一种链接关系，也就是说，如果"图形样式"控制面板中的样式发生了变化，那么被添加了该样式的图形也会随之变化。单击"图形样式"控制面板中的"断开图形样式链接"按钮 ⟨⟩ ，可断开链接关系。

图 11-254

11.6 外观控制面板

在 Illustrator CC 的外观控制面板中，可以查看当前对象或图层的外观属性，其中包括应用到对象上的效果、描边颜色、描边粗细、填色和不透明度等。

选择"窗口 > 外观"命令，弹出"外观"控制面板。选中一个对象，如图 11-255 所示，在"外观"控制面板中将显示该对象的各项外观属性，如图 11-256 所示。

"外观"控制面板可分为 3 个部分。

第一部分为显示当前选择，可以显示当前路径或图层的缩略图。

第二部分为当前路径或图层的全部外观属性列表。它包括应用到当前路径上的效果、描边颜色、描边粗细、填色和不透明度等。如果同时选中的多个对象具有不同的外观属性，如图 11-257 所示，"外观"控制面板将无法一一显示，只能提示当前选择为混合外观，效果如图 11-258 所示。

图 11-255   图 11-256   图 11-257   图 11-258

在"外观"控制面板中，各项外观属性是有层叠顺序的。在列举选取区的效果属性时，后应用的效果位于先应用的效果之上。拖曳代表各项外观属性的列表项，可以重新排列外观属性的层叠顺序，从而影响到对象的外观。例如，当图像的描边属性在填色属性之上时，图像效果如图 11-259 所示。在"外观"控制面板中将描边属性拖曳到填色属性的下方，如图 11-260 所示。改变层叠顺序后图像效果如图 11-261 所示。

图 11-259   图 11-260   图 11-261

在创建新对象时，Illustrator CC 将把当前设置的外观属性自动添加到新对象上。

11.7 课堂练习——制作美食网页

练习知识要点

使用剪切蒙版命令为图片添加蒙版效果。使用外发光命令为文字添加发光效果。使用弧形命令将文字变形。效果如图 11-262 所示。

效果所在位置

资源包/Ch11/效果/制作美食网页.ai。

制作美食网页

图 11-262

11.8 课后习题——制作茶品包装

习题知识要点

使用艺术效果命令和透明度面板制作背景图形。使用风格化命令制作投影。使用 3D 命令和符号面板制作立体包装图效果。使用文字工具添加标题文字。效果如图 11-263 所示。

效果所在位置

资源包/Ch11/效果/制作茶品包装.ai。

制作茶品包装

图 11-263

Illustrator CC

12

Chapter

第 12 章
商业案例实训

本章结合多个应用领域商业案例的实际应用，通过案例分析、案例设计、案例制作进一步详解 Illustrator 的强大应用功能和制作技巧。读者在学习商业案例并完成大量商业练习后，应可以快速地掌握商业案例设计的理念和软件的技术要点，设计制作出专业的案例。

课堂学习目标

- 掌握软件基础知识的使用方法
- 了解软件的常用设计领域
- 掌握软件在不同设计领域的使用技巧

12.1 宣传单设计——制作美食宣传单

12.1.1 案例分析

本例是为餐厅制作的宣传单。要求画面丰富并且具有创意，能够表现出餐厅健康、营养、美味的特色，让人印象深刻。

在设计绘制过程中，使用绿色作为宣传单的底色，并且搭配可爱的卡通图案，在细节上处理细致丰富，标题在画面中占据重要位置能够快速吸引人的眼球，在宣传单的背面详细标注了食物的品种及价格，整个宣传单美观实用，符合餐厅的要求。

本例将使用矩形工具、渐变工具和透明度工具绘制背景；使用剪切蒙版命令绘制装饰图形；使用文字工具、绘图工具、混合工具和渐变工具绘制标题文字；使用绘图工具、文字工具和路径查找器命令制作标志；使用文字工具添加菜单信息。

12.1.2 案例设计

本案例设计如图 12-1 所示。

图 12-1

12.1.3 案例制作

1. 制作背景并绘制装饰图形

STEP 1 按 Ctrl+N 组合键，新建一个文档，宽度为 143mm，高度为 220mm，取向为竖向，颜色模式为 CMYK，单击"确定"按钮。

STEP 2 选择"矩形"工具 ▢，在适当的位置绘制与页面大小相等的矩形，如图 12-2 所示。双击"渐变"工具 ▧，弹出"渐变"控制面板，在色带上设置两个渐变滑块，分别将渐变滑块的位置设为 78、100，并设置 C、M、Y、K 的值分别为 78（11、0、37、0）、100（41、0、88、10）；其他选项的设置如图 12-3 所示。图形被填充为渐变色，效果如图 12-4 所示。

制作美食宣传单 1

STEP 3 选择"窗口 > 透明度"命令，弹出"透明度"控制面板，将"不透明度"选项设为 68%，如图 12-5 所示，效果如图 12-6 所示。

STEP 4 按 Ctrl+O 组合键，打开资源包中的"Ch12 > 素材 > 制作美食宣传单 > 01"文件，按 Ctrl+A 组合键，全选图形，复制并将其粘贴到正在编辑的页面中，选择"选择"工具 ▶，选取图形并将其拖曳到适当的位置，如图 12-7 所示。选取需要的图形，按 Ctrl+G 组合键，将其群组，效果如图 12-8 所示。

图 12-2　　　　　　　　　　图 12-3　　　　　　　　　　图 12-4

图 12-5　　　　　　　　　　图 12-6　　　　　图 12-7　　　　　图 12-8

STEP 5 按 Ctrl+O 组合键，打开资源包中的"Ch12 > 素材 > 制作美食宣传单 > 02"文件，按 Ctrl+A 组合键，全选图形，复制并将其粘贴到正在编辑的页面中，选择"选择"工具 ，选取图形并将其拖曳到适当的位置，如图 12-9 所示。

STEP 6 双击"渐变"工具 ，弹出"渐变"控制面板，在色带上设置两个渐变滑块，分别将渐变滑块的位置设为 0、100，并设置 C、M、Y、K 的值分别为 0（32、0、92、0）、100（99、1、78、44）；其他选项的设置如图 12-10 所示。图形被填充为渐变色，效果如图 12-11 所示。

图 12-9　　　　　　　　　　图 12-10　　　　　　　　　　图 12-11

STEP 7 选择"矩形"工具 ，在适当的位置绘制矩形，如图 12-12 所示。选择"选择"工具 ，选取需要的图形，如图 12-13 所示。选择"对象 > 剪切蒙版 > 建立"命令，效果如图 12-14 所示。

图 12-12　　　　　　　　　　图 12-13　　　　　　　　　　图 12-14

STEP 8 选择"文件 > 置入"命令，弹出"置入"对话框，选择资源包中的"Ch12 > 素材 > 制作美食宣传单 > 03"文件，单击"置入"按钮，将图片置入到页面中，单击属性栏中的"嵌入"按钮，嵌入图片。选择"选择"工具 ↖，拖曳图片到适当的位置，效果如图 12-15 所示。

STEP 9 选择"椭圆"工具 ◯，按住 Shift 键的同时，在图像上方绘制一个圆形，如图 12-16 所示。选择"选择"工具 ↖，选取需要的图形，如图 12-17 所示。选择"对象 > 剪切蒙版 > 建立"命令，效果如图 12-18 所示。

图 12-15   图 12-16   图 12-17   图 12-18

STEP 10 选择"效果 > 风格化 > 投影"命令，在弹出的对话框中进行设置，设置投影填充色的 C、M、Y、K 值分别为 89、52、100、21，如图 12-19 所示，单击"确定"按钮，效果如图 12-20 所示。

图 12-19   图 12-20

2. 添加标题文字

STEP 1 选择"文字"工具 T，在页面中适当的位置输入需要的文字，选择"选择"工具 ↖，在属性栏中选择合适的字体并设置适当的文字大小，设置文字填充色的 C、M、Y、K 值分别为 82、29、100、0，填充文字，效果如图 12-21 所示。按 Ctrl+T 组合键，弹出"字符"面板，设置所选文字的水平缩放为 108，设置如图 12-22 所示，文字效果如图 12-23 所示。按 Shift+Ctrl+O 组合键，将文字转换为轮廓，效果如图 12-24 所示。用相同方法添加其他文字，效果如图 12-25 所示。

STEP 2 选择"文字 > 创建轮廓"命令，将文字转换为轮廓，效果如图 12-26 所示。选择"钢笔"工具 ✐，在适当的位置绘制不规则图形，如图 12-27 所示。

STEP 3 选择"选择"工具 ↖，选取需要的文字和图形，如图 12-28 所示。选择"窗口 > 路径查找器"命令，弹出"路径查找器"控制面板，单击"减去顶层"按钮 ▣，如图 12-29 所示。生成新的对象，效果如图 12-30 所示。

图 12-21　　　　　图 12-22　　　　　图 12-23　　　　　图 12-24　　　　　图 12-25

图 12-26　　　　　图 12-27　　　　　图 12-28　　　　　图 12-29　　　　　图 12-30

STEP 4 选择"直接选择"工具，选取需要的节点，如图 12-31 所示。调整节点的位置，效果如图 12-32 所示。选择"删除锚点"工具，选取需要的节点，如图 12-33 所示。单击节点，删除锚点，效果如图 12-34 所示。

图 12-31　　　　　　图 12-32　　　　　　图 12-33　　　　　　图 12-34

STEP 5 选择"钢笔"工具，在适当的位置绘制不规则图形，设置图形填充色的 C、M、Y、K 值分别为 82、29、100、0，填充图形，并设置描边色为无，效果如图 12-35 所示。

STEP 6 选择"选择"工具，选取需要的文字和图形，如图 12-36 所示。在"路径查找器"控制面板中，单击"联集"按钮，如图 12-37 所示。生成新的对象，效果如图 12-38 所示。

图 12-35　　　　　图 12-36　　　　　　图 12-37　　　　　图 12-38

STEP 7 选择"选择"工具，按住 Alt 键的同时，向左上拖曳文字到适当的位置，复制文字，如图 12-39 所示。设置文字填充色的 C、M、Y、K 值分别为 85、41、100、4，填充文字，效果如图 12-40 所示。按 Ctrl+C 组合键，复制义字。

STEP 8 按住 Shift 键的同时，单击选取下方文字，双击"混合"工具 ，在弹出的"混合选项"对话框中进行设置，如图 12-41 所示。单击"确定"按钮，分别在两个图形上单击鼠标，图形混合的效果如图 12-42 所示。按 Ctrl+F 组合键，将文字原位粘贴在前面，效果如图 12-43 所示。

图 12-39　　　图 12-40　　　　　　图 12-41　　　　　　图 12-42　　　图 12-43

STEP 9 双击"渐变"工具 ，弹出"渐变"控制面板，在色带上设置两个渐变滑块，分别将渐变滑块的位置设为 0、100，并设置 C、M、Y、K 的值分别为 0（8、0、80、0）、100（30、0、84、0）；其他选项的设置如图 12-44 所示。图形被填充为渐变色，效果如图 12-45 所示。

STEP 10 选择"选择"工具 ，选取需要的文字，按 Ctrl+G 组合键，将其群组，效果如图 12-46 所示。用相同方法制作其他文字，效果如图 12-47 所示。

图 12-44　　　　　　图 12-45　　　　　　图 12-46　　　　　　图 12-47

STEP 11 选择"文字"工具 ，在页面中适当的位置输入需要的文字，选择"选择"工具 ，在属性栏中选择合适的字体并设置适当的文字大小，设置文字填充色的 C、M、Y、K 值分别为 28、53、100、0，填充文字，效果如图 12-48 所示。按 Shift+Ctrl+O 组合键，将文字转换为轮廓，效果如图 12-49 所示。按 Ctrl+[组合键多次，将图形向后移动，效果如图 12-50 所示。

图 12-48　　　　　　图 12-49　　　　　　图 12-50

STEP 12 按 Ctrl+C 组合键，复制文字，按 Ctrl+F 组合键，将文字原位粘贴在前面，设置文字填充色的 C、M、Y、K 值分别为 85、41、100、4，填充文字，效果如图 12-51 所示。选择"选择"工具 ，向外拖曳鼠标，等比例放大文字，效果如图 12-52 所示。按 Ctrl+C 组合键，复制文字。

图 12-51

图 12-52

STEP 13 按住 Shift 键的同时，单击选取下方文字，双击"混合"工具，在弹出的"混合选项"对话框中进行设置，如图 12-53 所示。单击"确定"按钮，分别在两个图形上单击鼠标，图形混合的效果如图 12-54 所示。按 Ctrl+F 组合键，将文字原位粘贴在前面，效果如图 12-55 所示。

图 12-53

图 12-54

图 12-55

STEP 14 双击"渐变"工具，弹出"渐变"控制面板，在色带上设置两个渐变滑块，分别将渐变滑块的位置设为 0、100，并设置 C、M、Y、K 的值分别为 60（7、4、85、0）、100（2、32、76、0）；其他选项的设置如图 12-56 所示。图形被填充为渐变色，效果如图 12-57 所示。选择"选择"工具，选取需要的文字，按 Ctrl+G 组合键，将其群组，效果如图 12-58 所示。

图 12-56

图 12-57

图 12-58

STEP 15 选择"效果 > 风格化 > 投影"命令，在弹出的对话框中进行设置，设置投影填充色的 C、M、Y、K 值分别为 80、35、100、0，如图 12-59 所示。单击"确定"按钮，效果如图 12-60 所示。用相同方法制作其他文字，效果如图 12-61 所示。

图 12-59

图 12-60

图 12-61

3. 制作标志

STEP 1 选择"01"文件，选择"选择"工具 ↖，选取素材，按 Shift+Ctrl+G 组合键，取消图形编组，并选取需要的图形，如图 12-62 所示。复制并将其粘贴到正在编辑的页面中，按 Ctrl+V 组合键，粘贴图形，将其拖曳到适当的位置并旋转适当的角度，如图 12-63 所示。设置图形填充色的 C、M、Y、K 值分别为 87、45、100、8，填充图形，效果如图 12-64 所示。

STEP 2 选择"文字"工具 T，在页面中适当的位置输入需要的文字，选择"选择"工具 ↖，在属性栏中选择合适的字体并设置适当的文字大小，设置文字填充色的 C、M、Y、K 值分别为 87、45、100、8，填充文字，效果如图 12-65 所示。

| 图 12-62 | 图 12-63 | 图 12-64 | 图 12-65 |

STEP 3 在"字符"面板中设置所选文字的字距为-50，设置如图 12-66 所示，文字效果如图 12-67 所示。按 Shift+Ctrl+O 组合键，将文字转换为轮廓，效果如图 12-68 所示。选择"对象 > 复合路径 > 建立"命令，效果如图 12-69 所示。

| 图 12-66 | 图 12-67 | 图 12-68 | 图 12-69 |

STEP 4 选择"矩形"工具 ▢，在适当的位置绘制矩形，如图 12-70 所示。选择"选择"工具 ↖，选取需要的文字和图形，如图 12-71 所示。

| 图 12-70 | 图 12-71 |

STEP 5 在"路径查找器"控制面板中，单击"减去顶层"按钮 ▣，如图 12-72 所示。生成新

的对象，效果如图 12-73 所示。用相同方法添加其他文字，效果如图 12-74 所示。选择"选择"工具 ⬉ ，选取需要的文字和图形，按 Ctrl+G 组合键，将其编组，效果如图 12-75 所示。

| 图 12-72 | 图 12-73 | 图 12-74 | 图 12-75 |

4. 添加宣传文字和图片

STEP 1 选择"文字"工具 T ，在页面中适当的位置输入需要的文字，选择"选择"工具 ⬉ ，在属性栏中选择合适的字体并设置适当的文字大小，设置文字填充色的 C、M、Y、K 值分别为 8、86、93、0，填充文字，效果如图 12-76 所示。用相同方法添加其他文字，并分别填充适当的颜色，效果如图 12-77 所示。

图 12-76   图 12-77

STEP 2 选择"圆角矩形"工具 ▢ ，在页面中单击鼠标，弹出"圆角矩形"对话框，在对话框中进行设置，如图 12-78 所示。单击"确定"按钮，得到一个圆角矩形。设置图形填充色的 C、M、Y、K 值分别为 85、46、100、9，填充图形，设置描边色为的 C、M、Y、K 值分别为 85、46、100、9，描边粗细为 1pt，效果如图 12-79 所示。用相同方法添加其他矩形，并设置填充色为无，效果如图 12-80 所示。

| 图 12-78 | 图 12-79 | 图 12-80 |

STEP 3 选择"文字"工具 T ，在页面中适当的位置输入需要的文字，选择"选择"工具 ⬉ ，在属性栏中选择合适的字体并设置适当的文字大小，设置文字填充色的 C、M、Y、K 值分别为 85、46、100、9，填充文字，效果如图 12-81 所示。

STEP 4 选择"选择"工具 ⬉ ，选取需要的文字，设置文字填充色为白色，填充文字，如图 12-82 所示。

图 12-81 　　　　　　　　　　　　　　　　　　图 12-82

STEP 5 选择"文件 > 置入"命令，弹出"置入"对话框，选择资源包中的"Ch12 > 素材 > 制作美食宣传单 > 04"文件，单击"置入"按钮，将图片置入到页面中，单击属性栏中的"嵌入"按钮，嵌入图片。选择"选择"工具 ，拖曳图片到适当的位置，效果如图 12-83 所示。用相同方法添加其他图片，效果如图 12-84 所示。美食宣传单正面制作完成效果如图 12-85 所示。

图 12-83 　　　　　　　　　　图 12-84 　　　　　　　　　　图 12-85

5. 制作宣传单背面图片

STEP 1 选择"画板"工具 ，拖曳鼠标，绘制新的画板，设置画板的宽度为 143mm，高度为 220mm。

STEP 2 选择"01"文件，按 Ctrl+A 组合键，全选图形，复制并将其粘贴到正在编辑的页面中，选择"选择"工具 ，选取图形并将其拖曳到适当的位置，如图 12-86 所示。

制作美食宣传单 2

STEP 3 选择"矩形"工具 ，在适当的位置绘制与页面大小相等的矩形，设置图形填充色的 C、M、Y、K 值分别为 26、2、41、0，填充图形，并设置描边色为无，如图 12-87 所示。在"透明度"控制面板中，将"不透明度"选项设为 41%，如图 12-88 所示，效果如图 12-89 所示。

图 12-86 　　　　　　　　图 12-87 　　　　　　　　图 12-88 　　　　　　　　图 12-89

STEP 4 选择"圆角矩形"工具 ，在适当的位置绘制圆角矩形，设置图形填充色的 C、M、Y、K 值分别为 81、26、100、0，填充图形，并设置描边色为无，效果如图 12-90 所示。选择"选择"工具 ，按住 Alt+Shift 组合键的同时，水平向右拖曳圆角矩形到适当位置，复制图形，效果如图 12-91 所示。按 Ctrl+D 组合键，再次复制图形，效果如图 12-92 所示。

图 12-90   图 12-91   图 12-92

STEP⤵5 选择 "选择" 工具 ，选取需要的圆角矩形，如图 12-93 所示。按住 Alt+Shift 组合键的同时，垂直向下拖曳圆角矩形到适当位置，效果如图 12-94 所示。按 Ctrl+D 组合键，再次复制图形，效果如图 12-95 所示。用相同方法复制出其他图形，效果如图 12-96 所示。

图 12-93   图 12-94   图 12-95   图 12-96

STEP⤵6 选择 "钢笔" 工具 ，在适当的位置绘制不规则图形，如图 12-97 所示。选择 "选择" 工具 ，选取需要的文字和图形，如图 12-98 所示。在 "路径查找器" 控制面板中，单击 "联集" 按钮，如图 12-99 所示。生成新的对象，效果如图 12-100 所示。用相同方法绘制出其他图形，并填充适当颜色，效果如图 12-101 所示。

图 12-97   图 12-98   图 12-99   图 12-100   图 12-101

STEP⤵7 选择 "文件 > 置入" 命令，弹出 "置入" 对话框，选择资源包中的 "Ch12 > 素材 > 制作美食宣传单 > 10" 文件，单击 "置入" 按钮，将图片置入到页面中，单击属性栏中的 "嵌入" 按钮，嵌入图片。选择 "选择" 工具 ，拖曳图片到适当的位置，效果如图 12-102 所示。

STEP⤵8 按 Ctrl+[组合键多次，将图形向后移动，效果如图 12-103 所示。选择 "选择" 工具 ，选取需要的图形，如图 12-104 所示。选择 "对象 > 剪切蒙版 > 建立" 命令，效果如图 12-105 所示。用相同方法制作其他图片，效果如图 12-106 所示。

图 12-102   图 12-103   图 12-104   图 12-105   图 12-106

STEP⤵9 选择 "文字" 工具 ，在页面中适当的位置输入需要的文字，选择 "选择" 工具 ，在属性栏中选择合适的字体并设置适当的文字大小，设置文字填充色为白色，填充文字，效果如图 12-107

所示。用相同方法添加其他文字，效果如图 12-108 所示。

图 12-107　　　　　　　　图 12-108

STEP 10 选择"文件 > 置入"命令，弹出"置入"对话框，选择资源包中的"Ch12 > 素材 > 制作美食宣传单 > 14"文件，单击"置入"按钮，将图片置入到页面中，单击属性栏中的"嵌入"按钮，嵌入图片。选择"选择"工具 ，拖曳图片到适当的位置，效果如图 12-109 所示。选择"圆角矩形"工具 ，在适当的位置绘制圆角矩形，如图 12-110 所示。

图 12-109　　　　　　　　　　图 12-110

STEP 11 选择"选择"工具 ，选取需要的图形和图片，选择"对象 > 剪切蒙版 > 建立"命令，效果如图 12-111 所示。在"透明度"控制面板中，将"不透明度"选项设为 37%，如图 12-112 所示，效果如图 12-113 所示。

图 12-111　　　　　　图 12-112　　　　　　图 12-113

6. 制作宣传单背面菜单

STEP 1 选择"圆角矩形"工具 ，在适当的位置绘制圆角矩形，设置描边色的 C、M、Y、K 值分别为 83、33、100、0，描边粗细为 1pt，效果如图 12-114 所示。

STEP 2 选择"文字"工具 ，在页面中适当的位置输入需要的文字，选择"选择"工具 ，在属性栏中选择合适的字体并设置适当的文字大小，设置文字填充色的 C、M、Y、K 值分别为 83、41、100、4，填充文字，效果如图 12-115 所示。用相同方法添加其他图形和文字，效果如图 12-116 所示。美食宣传单背面制作完成。

图 12-114

图 12-115

图 12-116

12.2 广告设计——制作汽车广告

12.2.1 案例分析

本例是制作汽车广告。要求主要展现汽车，将汽车的魅力与特色尽情表现，画面要求具有质感，主题明确不需要过多的修饰。

在设计绘制过程中，整体画面的色调深沉，能够更加凸显蓝色汽车神秘浪漫的特色，以车体为主要画面，能够更好地表现出主题，投影的处理丰富了画面，倾斜的字体使画面更具动感，整体设计简单时尚。

本例将使用文本工具、渐变工具和倾斜命令制作标题文字；使用椭圆工具、文本工具、渐变工具和路径查找器命令制作标志；使用矩形网格工具、直线段工具、椭圆形工具和文本工具绘制表格；使用文字工具添加菜单信息。

12.2.2 案例设计

本案例设计如图 12-117 所示。

图 12-117

制作汽车广告

12.2.3 案例制作

1. 制作背景和标题

STEP 1 按 Ctrl+N 组合键，新建一个文档，宽度为 300mm，高度为 200mm，取向为竖向，颜色模式为 CMYK，单击"确定"按钮。

STEP 2 选择"文件 > 置入"命令，弹出"置入"对话框，选择资源包中的"Ch12 > 素材 > 制作汽车广告 > 01"文件，单击"置入"按钮，将图片置入到页面中，单击属性栏中的"嵌入"按钮，嵌入图片。选择"选择"工具 ，拖曳图片到适当的位置，效果如图 12-118 所示。

STEP ↘3 选择"文字"工具 T，在页面中适当的位置输入需要的文字，选择"选择"工具 ，在属性栏中选择合适的字体并设置适当的文字大小，设置文字填充色为白色，填充文字，效果如图 12-119 所示。

图 12-118　　　　　　　　　　　　　　　　图 12-119

STEP ↘4 选择"文字"工具 T，选取需要的文字，如图 12-120 所示。在属性栏中选择文字大小为 80，效果如图 12-121 所示。按 Shift+Ctrl+O 组合键，将文字转换为轮廓，效果如图 12-122 所示。按 Shift+Ctrl+G 组合键，取消文字群组。

图 12-120　　　　　　　　图 12-121　　　　　　　　图 12-122

STEP ↘5 选择"选择"工具 ，选取需要的文字，如图 12-123 所示。双击"渐变"工具 ，弹出"渐变"控制面板，在色带上设置 3 个渐变滑块，分别将渐变滑块的位置设为 0、44、100，并设置 C、M、Y、K 的值分别为 0（43、0、10、0）、44（89、69、0、0）、100（54、0、15、0）；其他选项的设置如图 12-124 所示。文字被填充为渐变色，效果如图 12-125 所示。用相同方法添加其他渐变，效果如图 12-126 所示。

图 12-123　　　　　　　　　　　　　　图 12-124

图 12-125　　　　　　　　　　　　　　图 12-126

STEP ↘6 选择"选择"工具 ，选取需要的文字，如图 12-127 所示。选择"对象 > 变换 > 倾斜"命令，弹出"倾斜"对话框，选项的设置如图 12-128 所示。单击"确定"按钮，效果如图 12-129 所示。

图 12-127　　　　　　　　　　　图 12-128　　　　　　　　　　　图 12-129

2. 制作广告标志

STEP 1 选择"椭圆"工具 ⬭，在适当的位置绘制椭圆形，设置图形填充色为黑色，填充图形，并设置描边色为无，效果如图 12-130 所示。按 Ctrl+C 组合键，复制椭圆形，按 Ctrl+F 组合键，将椭圆形原位粘贴在前面，效果如图 12-131 所示。按 Alt+Shift 组合键，等比例缩小图形，效果如图 12-132 所示。

图 12-130　　　　　　　　　　　图 12-131　　　　　　　　　　　图 12-132

STEP 2 选择"窗口 > 路径查找器"命令，弹出"路径查找器"控制面板，单击"减去顶层"按钮 ⬚，如图 12-133 所示。生成新的对象，效果如图 12-134 所示。

图 12-133　　　　　　　　　　　图 12-134

STEP 3 选择"文字"工具 T，在页面中适当的位置输入需要的文字，选择"选择"工具 ▶，在属性栏中选择合适的字体并设置适当的文字大小，效果如图 12-135 所示。按 Shift+Ctrl+O 组合键，将文字转换为轮廓，效果如图 12-136 所示。按 Shift+Ctrl+G 组合键，取消文字群组。

STEP 4 选择"选择"工具 ▶，选取需要的文字，如图 12-137 所示。按住 Shift 键的同时，水平向左拖曳文字，调整文字位置，如图 12-138 所示。

图 12-135   图 12-136

图 12-137   图 12-138

STEP 5 选择 "选择" 工具，选取需要的文字，如图 12-139 所示。在 "路径查找器" 控制面板中，单击 "联集" 按钮，如图 12-140 所示。生成新的对象，效果如图 12-141 所示。

图 12-139   图 12-140   图 12-141

STEP 6 双击 "渐变" 工具，弹出 "渐变" 控制面板，在色带上设置 3 个渐变滑块，分别将渐变滑块的位置设为 0、47、100，并设置 C、M、Y、K 的值分别为 0 (0、0、0、39)、47 (0、0、0、0)、100 (0、0、0、56)；其他选项的设置如图 12-142 所示。文字被填充为渐变色，效果如图 12-143 所示。用相同方法添加文字，并填充适当的渐变色，效果如图 12-144 所示。选择 "选择" 工具，选取绘制的标志，将其拖曳至适当位置，效果如图 12-145 所示。

图 12-142   图 12-143   图 12-144   图 12-145

3. 添加广告宣传文字

STEP 1 选择 "文字" 工具，在页面中适当的位置输入需要的文字，选择 "选择" 工具，在属性栏中选择合适的字体并设置适当的文字大小，设置文字填充色为白色，填充文字，效果如图 12-146 所示。

STEP 2 选择 "文字" 工具，选取需要的文字，如图 12-147 所示。在属性栏中选择文字大小为 40，效果如图 12-148 所示。用相同方法添加其他文字，效果如图 12-149 所示。

图 12-146   图 12-147   图 12-148   图 12-149

STEP 3 选择"矩形网格"工具 ▦，在页面中单击鼠标，弹出"矩形网格工具选项"对话框，在对话框中进行设置，如图 12-150 所示。单击"确定"按钮，得到一个矩形网格。设置图形填充色的 C、M、Y、K 值分别为 22、10、11、0，填充图形，并填充描边色为黑色，描边粗细为 1pt，效果如图 12-151 所示。

图 12-150   图 12-151

STEP 4 选择"直接选择"工具 ▷，选取矩形网格的直线，调整直线到适当的位置，效果如图 12-152 所示。用相同方法调整其他直线，效果如图 12-153 所示。按 Shift+Ctrl+G 组合键，取消矩形网格群组。

图 12-152   图 12-153

STEP 5 选择"矩形"工具 ▢，在适当的位置绘制矩形，设置图形填充色为白色，填充图形，并设置描边色为无，如图 12-154 所示。按 Ctrl+ [组合键多次，将图形向后移动，效果如图 12-155 所示。用相同方法添加其他矩形，效果如图 12-156 所示。

图 12-154   图 12-155   图 12-156

STEP 6 选择"文字"工具 T，在页面中适当的位置输入需要的文字，选择"选择"工具 ▷，在属性栏中选择合适的字体并设置适当的文字大小，效果如图 12-157 所示。用相同方法添加其他文字，效果如图 12-158 所示。

STEP 7 选择"椭圆"工具 ◎，按住 Shift 键的同时，在适当位置绘制一个圆形，设置图形填充色为黑色，填充图形，并设置描边色为无，效果如图 12-159 所示。

规格配置		

图 12-157

规格配置	20S	20X
自动天窗		
自动泊入车位		
ABS防抱死		
夜视系统		

图 12-158

规格配置	20S	20X
自动天窗	丼	
自动泊入车位		
ABS防抱死		
夜视系统		

图 12-159

STEP 8 选择"直线段"工具 ╱，在适当的位置绘制直线，设置描边色为黑色，描边粗细为 1pt，效果如图 12-160 所示。用上述方法分别绘制其他图形，效果如图 12-161 所示。选择"选择"工具 ▶，选取需要的图形和文字，按 Ctrl+G 组合键，将其群组，效果如图 12-162 所示。

规格配置	20S	20X
自动天窗	●	
自动泊入车位		▦
ABS防抱死		
夜视系统		

图 12-160

规格配置	20S	20X
自动天窗	●	●
自动泊入车位	●	—
ABS防抱死	●	●
夜视系统	—	●

图 12-161

规格配置	20S	20X
自动天窗	◈	◈
自动泊入车位	◈	
ABS防抱死	◈	◈
夜视系统		◈

图 12-162

STEP 9 选择"窗口 > 透明度"命令，弹出"透明度"控制面板，将"不透明度"选项设为 65%，如图 12-163 所示，效果如图 12-164 所示。

STEP 10 选择"文字"工具 T，在页面中适当的位置输入需要的文字，选择"选择"工具 ▶，在属性栏中选择合适的字体并设置适当的文字大小，设置文字填充色为白色，填充文字，效果如图 12-165 所示。汽车广告制作完成。

图 12-163

图 12-164

图 12-165

12.3 封面设计——制作旅行书籍封面

12.3.1 案例分析

本例是为旅游书籍制作封面。要求封面的设计围绕旅游这一主题，表现旅游书籍的别具一格的特色，在封面上就能够引起大众的关注。

在设计绘制过程中，书籍封面风格统一，使用紫色为封面的主色调，搭配黄色点缀，色彩和谐让人感觉舒适。封面使用国外著名建筑照片，具有异域风情，整个书籍封面的设计注重细节，主题明确不落于俗套。

本例将使用矩形工具、剪切蒙版命令制作背景；使用文字工具、倾斜命令制作标题文字；使用钢笔工具和透明度、文字工具、剪切蒙版命令制作书籍背面；使用直线段工具、矩形工具和直排文字制作书脊；使用文字工具添加菜单信息。

12.3.2 案例设计

本案例设计如图 12-166 所示。

制作旅行书籍封面

图 12-166

12.3.3 案例制作

1. 制作封面正面

STEP 1 按 Ctrl+N 组合键，新建一个文档，宽度为 440mm，高度为 285mm，取向为横向，颜色模式为 CMYK，单击"确定"按钮。

STEP 2 选择"矩形"工具 ，在适当的位置绘制与页面大小相等的矩形，设置图形填充色的 C、M、Y、K 值分别为 12、7、75、0，填充图形，并设置描边色为无，如图 12-167 所示。用相同方法绘制矩形，并填充矩形为白色，效果如图 12-168 所示。

图 12-167　　　　　　　　　　　　　　　　图 12-168

STEP 3 选择"文件 > 置入"命令，弹出"置入"对话框，选择资源包中的"Ch12 > 素材 > 制作旅行书籍封面 > 01"文件，单击"置入"按钮，将图片置入到页面中，单击属性栏中的"嵌入"按钮，嵌入图片。选择"选择"工具 ，拖曳图片到适当的位置，效果如图 12-169 所示。

STEP 4 选择"矩形"工具 ，在适当的位置绘制矩形，如图 12-170 所示。选择"选择"工具 ，选取需要的图形，如图 12-171 所示。选择"对象 > 剪切蒙版 > 建立"命令，效果如图 12-172 所示。

图 12-169　　　　　　　　　　　图 12-170

图 12-171　　　　　　　　　　　图 12-172

STEP 5 选择"文件 > 置入"命令，弹出"置入"对话框，选择资源包中的"Ch12 > 素材 > 制作旅行书籍封面 > 02"文件，单击"置入"按钮，将图片置入到页面中，单击属性栏中的"嵌入"按钮，嵌入图片。选择"选择"工具 ⯈，拖曳图片到适当的位置，效果如图 12-173 所示。

STEP 6 选择"钢笔"工具 ✐，在适当的位置绘制不规则图形，如图 12-174 所示。选择"选择"工具 ⯈，选取需要的图形，如图 12-175 所示。选择"对象 > 剪切蒙版 > 建立"命令，效果如图 12-176 所示。

图 12-173　　　　　　图 12-174　　　　　　图 12-175　　　　　　图 12-176

STEP 7 选择"文字"工具 T，在页面中适当的位置输入需要的文字，选择"选择"工具 ⯈，在属性栏中选择合适的字体并设置适当的文字大小，设置文字填充色为白色，填充文字，效果如图 12-177 所示。选取需要的文字，如图 12-178 所示。在属性栏中选择文字大小为 74，效果如图 12-179 所示。用相同方法分别调整其他文字大小，效果如图 12-180 所示。

STEP 8 选择"对象 > 变换 > 倾斜"命令，弹出"倾斜"对话框，选项的设置如图 12-181 所示。单击"确定"按钮，效果如图 12-182 所示。

STEP 9 选择"文字"工具 T，在页面中适当的位置输入需要的文字，选择"选择"工具 ⯈，在属性栏中选择合适的字体并设置适当的文字大小，设置文字填充色为白色，填充文字，效果如图 12-183

所示。

图 12-177

图 12-178

图 12-179

图 12-180

图 12-181

图 12-182

图 12-183

STEP 10 选择"矩形"工具 ▣，在适当的位置绘制与页面大小相等的矩形，设置图形填充色为黑色，填充图形，并设置描边色为无，如图 12-184 所示。用相同方法绘制矩形，并填充矩形适当的颜色，效果如图 12-185 所示。

STEP 11 选择"文字"工具 Ｔ，在页面中适当的位置输入需要的文字，选择"选择"工具 ▶，在属性栏中选择合适的字体并设置适当的文字大小，设置文字填充色为白色，填充文字，效果如图 12-186 所示。用相同方法添加其他文字，效果如图 12-187 所示。

图 12-184

图 12-185

图 12-186

图 12-187

STEP 12 选择"文字"工具 Ｔ，在页面中适当的位置输入需要的文字，选择"选择"工具 ▶，在属性栏中选择合适的字体并设置适当的文字大小，设置文字填充色为白色，填充文字，效果如图 12-188 所示。按 Ctrl+T 组合键，弹出"字符"面板，设置所选文字的字距调整为 1140，设置如图 12-189 所示，文字效果如图 12-190 所示。

图 12-188   图 12-189   图 12-190

STEP 13 选择"钢笔"工具 ，在适当的位置绘制不规则图形，设置图形填充色的 C、M、Y、K 值分别为 12、7、75、0，填充图形，并设置描边色为无，如图 12-191 所示。

STEP 14 选择"文字"工具 T，在页面中适当的位置输入需要的文字，选择"选择"工具，在属性栏中选择合适的字体并设置适当的文字大小，效果如图 12-192 所示。用相同方法添加其他文字，效果如图 12-193 所示。

图 12-191   图 12-192   图 12-193

STEP 15 按 Ctrl+O 组合键，打开资源包中的"Ch12 > 素材 > 制作旅行书籍封面 > 03"文件，按 Ctrl+A 组合键，全选图形，复制并将其粘贴到正在编辑的页面中，选择"选择"工具，选取图形并将其拖曳到适当的位置，如图 12-194 所示。

STEP 16 选择"钢笔"工具，在适当的位置绘制不规则图形，如图 12-195 所示。选择"路径文字"工具，在页面中适当的位置输入需要的文字，选择"选择"工具，在属性栏中选择合适的字体并设置适当的文字大小，设置文字填充色为白色，填充文字，效果如图 12-196 所示。

图 12-194   图 12-195   图 12-196

STEP 17 选择"文字"工具 T，在页面中适当的位置输入需要的文字，选择"选择"工具，在属性栏中选择合适的字体并设置适当的文字大小，设置文字填充色为白色，填充文字，效果如图 12-197 所示。

STEP 18 按 Ctrl+O 组合键，打开资源包中的"Ch12 > 素材 > 制作旅行书籍封面 > 04"文件，按 Ctrl+A 组合键，全选图形，复制并将其粘贴到正在编辑的页面中，选择"选择"工具，选取图形并将其拖曳到适当的位置，如图 12-198 所示。选择"选择"工具，选取需要的图形，按住 Alt+Shift 组合键的同时，垂直向下拖曳图形到适当位置，复制图形，效果如图 12-199 所示。

图 12-197   图 12-198   图 12-199

2. 制作封面背面

STEP 1 选择"选择"工具 ，选取需要的图形，效果如图 12-200 所示。按住 Alt+Shift 组合键的同时，水平向左拖曳图形到适当位置，复制图形，效果如图 12-201 所示。

图 12-200   图 12-201

STEP 2 选择"矩形"工具 ，在适当的位置绘制矩形，设置图形填充色的 C、M、Y、K 值分别为 73、62、0、0，填充图形，并设置描边色为无，如图 12-202 所示。

STEP 3 选择"文件 > 置入"命令，弹出"置入"对话框，选择资源包中的"Ch12 > 素材 > 制作旅行书籍封面 > 05"文件，单击"置入"按钮，将图片置入到页面中，单击属性栏中的"嵌入"按钮，嵌入图片。选择"选择"工具 ，拖曳图片到适当的位置，效果如图 12-203 所示。

图 12-202   图 12-203

STEP 4 选择"窗口 > 透明度"命令，弹出"透明度"控制面板，将"不透明度"选项设为 15%，如图 12-204 所示，效果如图 12-205 所示。

图 12-204　　　　　　　　　　　图 12-205

STEP 5 选择 "04" 文件，选择 "选择" 工具 ，选取素材，按 Shift+Ctrl+G 组合键，取消图形编组，并选取需要的图形，如图 12-206 所示。复制并将其粘贴到正在编辑的页面中，按 Ctrl+V 组合键，粘贴图形，将其拖曳到适当的位置并旋转适当的角度，如图 12-207 所示。设置图形填充色为白色，填充图形，效果如图 12-208 所示。

图 12-206　　　　　　　　　　　图 12-207　　　　　图 12-208

STEP 6 选择 "对象 > 变换 > 对称" 命令，弹出 "镜像" 对话框，选项的设置如图 12-209 所示。单击 "复制" 按钮，效果如图 12-210 所示。选择 "选择" 工具 ，按 Shift 键的同时，水平向右拖曳图形到适当位置，效果如图 12-211 所示。

图 12-209　　　　　图 12-210　　　　　　　　　　　图 12-211

STEP 7 按 Ctrl+O 组合键，打开资源包中的 "Ch12 > 素材 > 制作旅行书籍封面 > 06" 文件，按 Ctrl+A 组合键，全选图形，复制并将其粘贴到正在编辑的页面中，选择 "选择" 工具 ，选取图形并将其拖曳到适当的位置，如图 12-212 所示。

STEP 8 选择 "选择" 工具 ，选取需要的图形，如图 12-213 所示。按住 Alt 键的同时，拖曳图形到适当位置，复制图形，效果如图 12-214 所示。

STEP 9 选择 "矩形" 工具 ，在适当的位置绘制矩形，设置图形填充色的 C、M、Y、K 值分别为 12、35、0、0，填充图形，并设置描边色为无，如图 12-215 所示。用相同方法绘制矩形，并填充矩形适当的颜色，效果如图 12-216 所示。

图 12-212　　　　　　　　图 12-213　　　　　　图 12-214

图 12-215　　　　　　　　图 12-216

STEP★10 选择"文字"工具 T ，在页面中适当的位置输入需要的文字，选择"选择"工具 ，在属性栏中选择合适的字体并设置适当的文字大小，效果如图 12-217 所示。用相同方法添加其他文字，效果如图 12-218 所示。

图 12-217　　　　　　　　图 12-218

STEP★11 选择"直排文字"工具 T ，在页面中适当的位置输入需要的文字，选择"选择"工具 ，在属性栏中选择合适的字体并设置适当的文字大小，效果如图 12-219 所示。

STEP★12 选择"文字"工具 T ，在页面中适当的位置输入需要的文字，选择"选择"工具 ，在属性栏中选择合适的字体并设置适当的文字大小，设置文字填充色为白色，填充文字，效果如图 12-220 所示。

STEP★13 按 Ctrl+O 组合键，打开资源包中的"Ch12 > 素材 > 制作旅行书籍封面 > 07"文件，按 Ctrl+A 组合键，全选图形，复制并将其粘贴到正在编辑的页面中，选择"选择"工具 ，选取图形并将其拖曳到适当的位置，如图 12-221 所示。

图 12-219　　　　　　　　图 12-220　　　　　　　图 12-221

STEP★14 选择"矩形"工具 ，在适当的位置绘制矩形，如图 12-222 所示。选择"选择"工具 ，选取需要的图形，如图 12-223 所示。选择"对象 > 剪切蒙版 > 建立"命令，效果如图 12-224 所示。

图 12-222

图 12-223

图 12-224

STEP 15 按 Ctrl+O 组合键，打开资源包中的"Ch12 > 素材 > 制作旅行书籍封面 > 08"文件，按 Ctrl+A 组合键，全选图形，复制并将其粘贴到正在编辑的页面中，选择"选择"工具 ，选取图形并将其拖曳到适当的位置，如图 12-225 所示。用相同方法添加"09"文件，如图 12-226 所示。

STEP 16 选择"文字"工具 ，在页面中适当的位置输入需要的文字，选择"选择"工具 ，在属性栏中选择合适的字体并设置适当的文字大小，设置文字填充色为白色，填充文字，效果如图 12-227 所示。

图 12-225

图 12-226

图 12-227

3. 制作封面书脊

STEP 1 选择"直线段"工具 ，在适当的位置绘制直线，设置描边色为黑色，描边粗细为 2pt，效果如图 12-228 所示。选择"选择"工具 ，选取需要的图形，效果如图 12-229 所示。

STEP 2 选择"对象 > 变换 > 旋转"命令，弹出"旋转"对话框，选项的设置如图 12-230 所示。单击"复制"按钮，效果如图 12-231 所示。

图 12-228

图 12-229

图 12-230

图 12-231

STEP 3 选择"矩形"工具 ，在适当的位置绘制矩形，设置图形填充色为黑色，填充图形，并设置描边色为无，如图 12-232 所示。用相同方法绘制其他矩形，并分别填充矩形适当的颜色，效果如图 12-233 所示。

STEP↴4 选择"直线段"工具 ✐，在适当的位置绘制直线，设置描边色的 C、M、Y、K 值分别为 12、7、75、0，填充描边，设置描边粗细为 5pt，效果如图 12-234 所示。用相同方法绘制其他直线，效果如图 12-235 所示。

图 12-232   图 12-233   图 12-234   图 12-235

STEP↴5 选择"选择"工具 ▚，选取需要的图形，效果如图 12-236 所示。选择"对象 > 变换 > 对称"命令，弹出"旋转"对话框，选项的设置如图 12-237 所示。单击"复制"按钮，效果如图 12-238 所示。

图 12-236   图 12-237   图 12-238

STEP↴6 选择"选择"工具 ▚，选取需要的图形，如图 12-239。按住 Alt 键的同时，拖曳图形到适当位置，复制图形，效果如图 12-240 示。

STEP↴7 选择"矩形"工具 ▣，在适当的位置绘制矩形，设置图形填充色的 C、M、Y、K 值分别为 73、62、0、0，填充图形，并设置描边色为无，如图 12-241 示。

STEP↴8 选择"文字"工具 ⊤，在页面中适当的位置输入需要的文字，选择"选择"工具 ▚，在属性栏中选择合适的字体并设置适当的文字大小，设置文字填充色为白色，填充文字，效果如图 12-242 示。

STEP↴9 选择"直线段"工具 ✐，在适当的位置绘制直线，设置描边色的 C、M、Y、K 值分别为 12、7、75、0，描边粗细为 1pt，效果如图 12-243 示。

图 12-239   图 12-240   图 12-241   图 12-242   图 12-243

STEP 10 选择"选择"工具 ，选取需要的图形，如图 12-244 所示。按住 Alt 键的同时，拖曳图形到适当位置，复制图形，效果如图 12-245 所示。

图 12-244　　　　　　　　　　图 12-245

STEP 11 选择"直排文字"工具 ，在页面中适当的位置输入需要的文字，选择"选择"工具 ，在属性栏中选择合适的字体并设置适当的文字大小，效果如图 12-246 所示。

STEP 12 选择"椭圆"工具 ，按住 Shift 键的同时，在适当位置绘制一个圆形，设置图形填充色的 C、M、Y、K 值分别为 47、0、18、0，填充图形，并设置描边色为无，效果如图 12-247 所示。

STEP 13 选择"选择"工具 ，按住 Alt 键的同时，拖曳图形到适当位置，复制图形，效果如图 12-248 所示。

图 12-246　　　　　　图 12-247　　　　　　图 12-248

STEP 14 选择"选择"工具 ，选取需要的图形，如图 12-249 所示。在"路径查找器"控制面板中，单击"联集"按钮 ，如图 12-250 所示。生成新的对象，效果如图 12-251 所示。

图 12-249　　　　　　图 12-250　　　　　　图 12-251

STEP 15 选择"直排文字"工具 ，在页面中适当的位置输入需要的文字，选择"选择"工具 ，在属性栏中选择合适的字体并设置适当的文字大小，设置文字填充色为白色，填充文字，效果如图 12-252 所示。用相同的方法添加其他的图形和文字，效果如图 12-253 所示。

STEP 16 选择"直排文字"工具 ，在页面中适当的位置输入需要的文字，选择"选择"工具 ，在属性栏中选择合适的字体并设置适当的文字大小，效果如图 12-254 所示。

图 12-252　　　　　　图 12-253　　　　　　图 12-254

STEP 17 选择"选择"工具 ，选取需要的图形，如图 12-255 所示。按住 Alt 键的同时，拖曳图形到适当位置，复制图形，效果如图 12-256 所示。在属性栏中设置适当的画笔定义，如图 12-257 所示，效果如图 12-258 所示。

图 12-255　　　　图 12-256　　　　　　　图 12-257　　　　　　　图 12-258

STEP 18 选择"直排文字"工具 ，在页面中适当的位置输入需要的文字，选择"选择"工具 ，在属性栏中选择合适的字体并设置适当的文字大小，效果如图 12-259 所示。旅行书籍封面制作完成，效果如图 12-260 所示。

图 12-259　　　　　　　　图 12-260

12.4　杂志设计——制作时尚杂志封面

12.4.1　案例分析

本例是为时尚杂志制作封面。要求封面设计简洁时尚，通过优雅独特的风格吸引时尚女性，彰显本杂志的个性。

在设计绘制过程中，使用黑色的深色背景，与身穿白衣的封面模特形成鲜明对比，黑白的搭配优雅复古，模特身姿在画面中形成了流畅的线条美感，文字的摆设整齐，整体的封面设计时尚大方，体现了杂志的品质。

本例将导入并嵌入素材添加背景；使用文本工具、路径查找器命令和渐变工具制作标题文字；使用文字工具和字符面板添加宣传文字。

12.4.2　案例设计

本案例设计如图 12-261 所示。

图 12-261

制作时尚杂志封面

12.4.3　案例制作

1．制作封面正面

STEP 1 按 Ctrl+N 组合键，新建一个文档，宽度为 205mm，高度为 265mm，取向为竖向，颜色模式为 CMYK，单击"确定"按钮。

STEP 2 选择"文件 > 置入"命令，弹出"置入"对话框，选择资源包中的"Ch12 > 素材 > 制作时尚杂志封面 > 01"文件，单击"置入"按钮，将图片置入到页面中，单击属性栏中的"嵌入"按钮，嵌入图片。选择"选择"工具 ，拖曳图片到适当的位置，效果如图 12-262 所示。

STEP 3 选择"文字"工具 T ，在页面中适当的位置输入需要的文字，选择"选择"工具 ，在属性栏中选择合适的字体并设置适当的文字大小，设置文字填充色为白色，填充文字，效果如图 12-263 所示。按 Ctrl+T 组合键，弹出"字符"面板，设置所选文字的字距调整为-50，设置如图 12-264 所示，文字效果如图 12-265 所示。

图 12-262

图 12-263

图 12-264

图 12-265

STEP 4 按 Shift+Ctrl+O 组合键，将文字转换为轮廓，效果如图 12-266 所示。选择"直接选择"工具 ，选取需要的节点，如图 12-267 所示。按 Delete 键删除选取的节点，效果如图 12-268 所示。用相同的方法调整节点的位置，效果如图 12-269 所示。

图 12-266

图 12-267

图 12-268

图 12-268

图 12-269

STEP 5 选择"矩形"工具 ，在适当的位置绘制矩形，如图 12-270 所示。选择"选择"工

具 ，选取需要的文字和图形，如图 12-271 所示。

图 12-270

图 12-271

STEP 6 选择"窗口 > 路径查找器"命令，弹出"路径查找器"控制面板，单击"联集"按钮 ，如图 12-272 所示。生成新的对象，效果如图 12-273 所示。用相同方法绘制其他图形和文字，效果如图 12-274 所示。

图 12-272

图 12-273

图 12-274

STEP 7 双击"渐变"工具 ，弹出"渐变"控制面板，在色带上设置 3 个渐变滑块，分别将渐变滑块的位置设为 0、51、100，并设置 C、M、Y、K 的值分别为 0（8、0、30、0）、51（17、21、70、34）、100（7、2、23、0）；其他选项的设置如图 12-275 所示。文字被填充为渐变色，效果如图 12-276 所示。

图 12-275

图 12-276

STEP 8 选择"文字"工具 ，在页面中适当的位置输入需要的文字，选择"选择"工具 ，在属性栏中选择合适的字体并设置适当的文字大小，设置文字填充色的 C、M、Y、K 值分别为 39、28、46、0，填充文字，效果如图 12-277 所示。用相同方法添加其他文字，并分别添加适当的颜色，效果如图 12-278 所示。

图 12-277

图 12-278

2. 添加宣传文字

STEP 1 选择"文字"工具 T，在页面中适当的位置输入需要的文字，选择"选择"工具 ▶，在属性栏中选择合适的字体并设置适当的文字大小，设置文字填充色的 C、M、Y、K 值分别为 33、27、37、0，填充文字，效果如图 12-279 所示。在"字符"面板中，设置所选文字的字距调整为 500，设置如图 12-280 所示，文字效果如图 12-281 所示。用相同方法添加其他文字，效果如图 12-282 所示。

STEP 2 选择"文字"工具 T，在页面中适当的位置输入需要的文字，选择"选择"工具 ▶，在属性栏中选择合适的字体并设置适当的文字大小，设置文字填充色的 C、M、Y、K 值分别为 29、94、100、0，填充文字，效果如图 12-283 所示。

图 12-279

图 12-280

图 12-281

图 12-282

图 12-283

STEP 3 选择"文字"工具 T，选取需要的文字，如图 12-284 所示。在"字符"面板中，设置所选文字的字距调整为-60，设置如图 12-285 所示，效果如图 12-286 所示。用相同方法添加其他文字，并分别填充适当的颜色，效果如图 12-287 所示。

图 12-284

图 12-285

图 12-286

图 12-287

3. 添加杂志条形码

STEP 1 按 Ctrl+O 组合键，打开资源包中的"Ch12 > 素材 > 制作时尚杂志封面 > 02"文件，按 Ctrl+A 组合键，全选图形，复制并将其粘贴到正在编辑的页面中，选择"选择"工具 ↖，选取图形并将其拖曳到适当的位置，如图 12-288 所示。

STEP 2 选择"文字"工具 T，在页面中适当的位置输入需要的文字，选择"选择"工具 ↖，在属性栏中选择合适的字体并设置适当的文字大小，设置文字填充色为白色，填充文字，效果如图 12-289 所示。用相同方法添加其他文字，并填充适当的颜色，效果如图 12-290 所示。时尚杂志封面制作完成，效果如图 12-291 所示。

图 12-288

图 12-289

图 12-290

图 12-291

12.5 课堂练习 1——制作培训班宣传单

练习知识要点

使用矩形工具和渐变工具绘制背景。使用文本工具、渐变工具、混合工具和投影命令绘制标题文字。使用文本工具和绘图工具添加宣传内容和图片。效果如图 12-292 所示。

效果所在位置

资源包/Ch12/效果/制作培训班宣传单.ai。

图 12-292

制作培训班宣传单 1

制作培训班宣传单 2

12.6 课堂练习2——制作315购物广告

练习知识要点

使用矩形工具和渐变工具绘制背景。使用文本工具、自由扭曲命令、混合工具和投影命令绘制标题文字。使用文本工具、渐变工具、绘图工具和对称命令添加宣传内容和图片。效果如图12-293所示。

效果所在位置

资源包/Ch12/效果/制作315购物广告.ai。

图 12-293

制作315购物广告

12.7 课后习题1——制作儿童插画书籍封面

习题知识要点

使用绘图工具和渐变工具绘制背景。使用文本工具、路径文字工具添加封面文字。使用直排文字工具添加书脊文字。使用绘图工具和路径查找器命令制作图形。使用剪切蒙版命令为图片添加蒙版效果。效果如图12-294所示。

效果所在位置

资源包/Ch12/效果/制作儿童插画书籍封面.ai。

图 12-294

制作儿童插画书籍封面

12.8　课后习题 2——制作杂志内页

习题知识要点

　　使用绘图工具和渐变工具绘制图形。使用文本工具添加文字。使用字符命令调整文字。使用投影命令制作投影效果。效果如图 12-295 所示。

效果所在位置

　　资源包/Ch12/效果/制作杂志内页.ai。

图 12-295

制作杂志内页